细 节

高文斐 著

吉林文史出版社
JILINWENSHICHUBANSHE

图书在版编目（CIP）数据

细节 / 高文斐著 . — 长春：吉林文史出版社，
2019.8

ISBN 978-7-5472-6510-9

Ⅰ . ①细… Ⅱ . ①高… Ⅲ . ①成功心理－通俗读物
Ⅳ . ① B848.4-49

中国版本图书馆 CIP 数据核字（2019）第 166057 号

细　节

著　　者　高文斐

责任编辑　陈春燕

封面设计　韩立强

出版发行　吉林文史出版社有限责任公司

地　　址　长春市福祉大路出版集团A座

网　　址　www.jlws.com.cn

印　　刷　北京德富泰印务有限公司

版　　次　2019 年 8 月第 1 版　2019 年 8 月第 1 次印刷

开　　本　880mm×1230mm　1 / 32

字　　数　120 千字

印　　张　6

书　　号　ISBN 978-7-5472-6510-9

定　　价　38.00 元

前　言

　　许多人疑惑不解：为什么明明我比他优秀，看起来他却更厉害？为什么我的智商这么高，最后他却直上云霄？为什么这些年我任劳任怨，事业、家庭和友情都很混乱？

　　其实，不需要多深奥的思考，原因很简单：你的整体因为一个细节"崩塌"了！它可能是一时大意，可能是思考不周，甚至可能是一个手势、一个眼神、一句不经意的话……如果能早些明白细节之于人生的重要性，你就不会走那么多弯路了。

　　一个人的事业、爱情、友情、财富、地位、名誉，全在细节中。

　　把人做细，你的人际关系才会丰盈饱满，也许只是风雨中撑起的一把伞，就能让你得到生命中的贵人高参。

　　把事做细，你的事业才会蓬勃发展，也许只是一份无可挑剔的文案，就能让老板对你刮目相看。

　　把钱用细，你的财富才会源源不断，也许只是一次计算缜密的投资，就能让你赚得盆满钵满。

把心用细，你的爱情才会情比金坚，也许只是平日里的一句嘘寒问暖，就能让你的家庭幸福美满。

简单的招式练到极致就是绝招儿，把小事做细，方能成大事。

在这样一个风起云涌的年代，那些看似无关紧要的小细节，往往正是决定性的存在。它在不知不觉中影响你的一生，主宰你的命运，让你撞得鲜血淋漓还不知道为什么。那些在风雨荆棘中摸爬滚打过来的成功人士都信奉这样一句话：成大事者必拘小节，细节决定一生。

本书正是有感于那些因小失大、因细枝末节而自毁长城的血淋淋的事例，旨在扭转人们对待细节的态度，给那些仍在沉睡的人们以当头棒喝，指导大家怎样在细节中体现完美的自己。

《细节》是一本足以影响千万人的实用型的人生工具书，涵盖决定命运的那些微小却重大的节点，可以手把手教会你成功影响他人并逆转自我人生的关键法则，告诉你如何在这个充满机会的时代里将自己的获益最大化，拥有幸福美满的人生。

目 / 录

Chapter 1
这些年你所受的痛苦，
可能都是细节上的疏忽

那些容易被忽视的细节，或许是影响整体的重要环节。

在面对复杂情况时，我们总是在解决了主要问题后便放松神经，其实往往在这个时候，许多意想不到的情况便不约而至。

放跑魔鬼，
只能带来灾难

　　日常工作中，很多人往往不拘小节，对于细节问题不屑一顾。面对领导的批评，他们常常搬出"成大事者不拘小节""大礼不辞小让"等说辞为自己开脱。殊不知，见微知著，责任恰恰体现在细节方面。对于那些"大事"，人人都看得见，都很重视，看不出责任心的差别。而那些注重细节的人，才是真正做到负责的人。

　　老子的《道德经》有言："天下难事，必作于易；天下大事，必作于细。"细节是人们工作中最容易忽略的部分，但它往往对结果有着至关重要的影响。在责任落实的过程中，细节决定成败，甚至毫不夸张地说，成也细节，败也细节。

　　工作中注重小事和细节，让责任体现其中，正是我们在职场上不断进步、不断提升自己所必备的素质和能力。或许我们的工作性质不同，忽视细节带来的危害也有不同，但有一点是共通的，忽视细节必然导致事业失败、人生贬值。

密斯·凡·德罗是20世纪世界最伟大的建筑师之一，在被要求用一句最简练的话来描述自己成功的原因时，他只说了五个字："细节是魔鬼。"一个成熟的职场人士，必须善于把握细节，对细节负责。"千里之堤，溃于蚁穴。"要知道，很多时候正是那些毫不起眼儿的细节，决定了事情最终的结果。所以，想要获得成功，我们必须抓住"魔鬼"，认真对待每个细节。如果放走"魔鬼"，甚至对"魔鬼"视而不见，最终必然迎来灾难性的结果。

职场上，不管员工有多么宏伟的计划或者多么高远的理想，如果对细节的把握不到位，就不能成长为一名精英。工作中，任何人都有自己的职责范围，有些人负责一些比较重要且引人注目的工作，有些人负责一些不被重视的小事，但无论大事小事，都有必须注意的细节，成大事也要拘小节。

自古以来，人们就有扫一屋还是扫天下的争论，有人认为自己志向高远，岂能在一屋这种小规模的事情上浪费时间。职场中，每个人的职责，每个人的权利，都是根据其展现的能力而分配的。你想要获得扫天下的机会，就要展现出扫天下的能力。但是，你连扫一屋的能力都不肯展示，谁又能知道你有扫天下的能力呢？不做细节，忽视小事，谁又敢说你能把大事做好呢？

王永庆被称为我国台湾地区的经营之神，他能够从众多的米店中脱颖而出，正是因为他善于抓住细节。

王永庆的米店，说起来是米店，其实不过是一家巷子里的卖米点而已。当地有33家米店，王永庆的米店开得最晚。王永庆将所有的200元积蓄都投入米店，米店生意冷清，但他不甘心米店就这样倒闭。他想了很多能够让米店生意好起来的办法。

第一点，在观察米的时候，他觉得米中有很多米糠、沙石，是很不合理的事情。在当时，这种情况非常普遍。卖家不会处理，买家也没什么意见。但是，每次买回去的米，都要好好地洗上几遍才能吃。

王永庆带着两个弟弟，将自家店中的米一粒粒地挑干净，然后再原价出售。这样一来，虽然大家进货的渠道一样，但王永庆米店中的米是整个地区质量最高的米。

第二点，王永庆在观察客户的时候，发现来买米的都是年轻人，难道老人就不吃米吗？这是不可能的。买米的都是年轻人，是因为老人家的身体不好，很难胜任扛着米回家的任务。年轻人白天忙于工作，只有晚上才能来买。

王永庆马上想到，如果自己能够提供送米上门的服务，岂不是能够拉到更多的客户？这个想法果然为他赢得了更多的客户。

第三点，王永庆在送米的时候，又细心地观察了每个客户家里有几口人，米缸有多大。家里有多少米，多少时间能够吃完，是由家中的人口数量以及米缸的大小决定的。王永庆将这些事情记了下来，然后数着日子。一旦他觉得哪家的米快吃完了，就主动带着米送上门去。客户正要买米，米已经送上门了，自然不去别人家购买了。

为了避免这种行为引起客户的不满意，王永庆还主动帮客户将剩下的陈米放到上面，将新米放在下面，避免陈米腐败。如果客户手中没钱也不要紧，送米归送米，到客户发薪的时候，他还会主动上门一次拿钱。

王永庆自然是头脑灵活，所以才能成为经营之神。他对细节的认真负责，更需要我们在职场上学习和借鉴。这不是吹毛求疵，而是因为你的工作不只是为你一个人而做。在整个工作环节中，你是其中一环，其他同事组成各种不同的环节。任何一环出现问题，其他人的努力就都白费了。工作的结果，最终需要负责的人也不是你。即便因为你马虎、大意，搞砸了一件事情，受到惩罚，你所受到的惩罚也无法弥补其他人所受到的损失。重视细节，是责任心的体现，是成就大事的前提。

是否关注细节，说明一个人对待工作的态度是否端正。在我们的现实工作中，总是有一些忽略细节的重要性而敷衍了事的做法，对自己的要求不够高，对细节的要求不够精细。要知道，细节决定工作品质，决定成败。不关注细节，不把细节当成重要的大事负责，就无法保证取得理想的结果，也就很难获得职场上的成功。

工作虽然有大小，但责任不分轻重。如果你重视工作岗位上的每个细节，它就能成为注入成功沧海的一条细流；如果你不重视它，它就是造成淹没一切的洪水中的一滴雨水，将你淹没在失败的深渊中。

英国国王查理三世在上战场之前，找来铁匠为他的战马钉上马掌。铁匠钉上了三个钉子后，发现缺少第四个钉子。铁匠把事情告诉查理三世，查理三世没有在意第四个钉子的事情，匆忙地上了战场。

在战场上，缺少钉子的马掌很快就脱落了。查理三世的战马被

细　节

绊倒，他也顺势跌下战马。士兵们看见国王跌下战马，以为国王被敌人袭击战死了，士气开始大降，甚至仓皇逃窜。失去士兵保护的国王成为敌军的俘虏，只能任人宰割。这场战役就是著名的波斯沃斯战役。战败的查理三世失去整个英国。

士兵在战场上忽略细节可能会丢掉性命；飞行员在天空中忽略细节，可能会导致飞机失事；建筑师忽略细节，可能会使摩天大楼坍塌……在职场上行走，任何忽略细节、不负责任的行为，都可能为自己酿造一杯饮鸩止渴的苦酒，葬送掉自己美好的职业理想。职场上的顺利成长需要很多要素，其中必不可少的就是抓住细节的责任心。

细节就是魔鬼，如果你抓住它，未来的职场生涯中就能减少很多麻烦。如果你放跑了魔鬼，它早晚会给你带来灭顶之灾。

想要做大事，
不抓细节绝对不行

　　有些人在职场中不注意小节，不修边幅，他们认为小节无伤大雅，这种认识其实是非常错误的。比如，有人在洽谈业务的时候吞云吐雾，毫不顾及别人的感受；有人在出席正式场合时打扮得像街头小混混儿；还有人不分公私，总把办公室里的一些小东西随手带回家。当然，这些东西都是有去无回的……这些不良行径，必将影响个人在职场上的发展。

　　刘备在《敕后主刘禅诏》中说："勿以恶小而为之，勿以善小而不为。"说的就是做人的道理，同样也是职场上应遵循的道理。于细微处更能看到一个人的真实素质，所以有些小节还是很有必要注意一下。一个细节可能会让你的上司觉得你是很可靠的，可能会让你的同事觉得你是可以信赖的，可能会让你的下属觉得你是值得拥戴的，可能会让你的客户觉得你是值得合作的……

细　节

什么算是职场上的"小恶"呢？那些看似不起眼儿，却对工作产生或明或暗不良影响的行为就是"小恶"。可能有些习惯你觉得不算什么，甚至觉得有些人太矫情，有毛病，但这些事情既然影响到他人，必然会在将来对你造成负面影响。

谭建华是一家五金销售企业的业务部经理。在工作中，他是个"不拘小节"的人。

一天，一位非常重要的客户带着助理来他们公司洽谈业务，恰好领导提前有事出去一会儿，就吩咐谭建华先接待一下，重要的事情等他回来再说。

谭建华在跟对方交换名片的时候随随便便，他自以为是地讲了一个笑话：话说，有两个人甲和乙一起用名片打牌，甲打出总经理，乙说管上，然后打出总经理秘书。甲就很疑惑地问，为什么你的秘书能管我的经理呢？乙说，我这是女秘书。

本来这就是一个笑话，放在别的场合也许还能活跃一下气氛，但此次陪同这位领导来的助理恰巧是一位女士。她想，你不会是影射我的吧？于是，她心生不悦，连带着对他们公司的印象也大打折扣。

领导回来之后，双方洽谈完业务，于是派谭建华给客户买点儿纪念品，然后送客户去机场。谭建华在选购纪念品时，特地私自给自己的老婆带了一份，在发票上开在公司的费用里。而且，他跟营业员之间的谈话又不幸地被客户的助理听见了。

结果，那位客户回去跟助理商量之后，觉得这家企业风气不正，公司的业务经理缺乏起码的职业素质，于是决定放弃跟该企业

细 节

合作的计划，最终把订单交给另外一家公司。

领导百思不得其解，本来谈得好好的，怎么顾客又变卦了？他不知道的是，一笔大生意就毁在谭建华的"小节"上。

小节伤大雅，很多大事之所以失败，就是因为那些微不足道的小节。哲学家伏尔泰说过："使人感到疲惫的不是远处的高山，而是鞋里的一粒沙子。"那些容易被我们忽略的小节，就是我们行走于职场上鞋子里的那一粒沙子，无法攀上高峰，是因为这些沙子禁锢了我们前进的脚步。所以，不要因为恶小而为之。工作中的许多非常小的不良习惯，都可能给我们的职业生涯带来巨大的危害。

有时候，决定成败的未必是你特别在意的那些事情。因为你所在意的事情，你的竞争对手可能也都想到了，反而是你不在意的事情，一不小心就决定了整个事情的走向。

某公司成立了新的销售部门，需要招聘一批销售人员。由于公司销售的对象都是成功人士，所以要求很高，开出的薪水也颇为不菲。在招来的一批销售人员中，一个年轻人颇受上司赏识。他形象极佳，口才出众，并且具有丰富的销售经验。结果，在公司的一次聚餐以后，上司果断地辞退这个年轻人。

这个上司发现，这个年轻人什么都好，就是吃饭时有一些恼人的小毛病，不仅喜欢抖腿，发出的声音还特别大。当上司要他注意的时候，他反而理直气壮地说，他们老家吃饭都这样，不出声吃饭不香。

职场中，我们要尽量养成一些好习惯。即使这些好习惯是一些不起眼儿的小事情，最终也会给我们带来一些意外的收获。一个灿烂的微笑，一个微微鞠躬、双手递接名片的小动作，一句真诚的谢谢，一次体贴入微的行程安排……种种细节都有可能触发职场中意想不到的契机，成为撬动地球的那个支点。这些小细节所带来的好处往往不是特别明显，但一点点积累起来，就很可能使你在职场上不知不觉地建立起巨大优势，从而改变你的整个人生轨迹，让你的事业从此走向成功，迈向辉煌。

职场上，很多人已经明白细节的重要性。就连很多还没有正式进入职场的年轻人，在面试前都会做好充分准备，保持自己的服饰整洁得体，对着镜子精心"演练"一言一行，防止因自己的不修边幅而遭到拒绝。所以，职场上摸爬滚打很长时间的成熟职场人，更要注意这些细节，体现自己的责任。

小邢是一家摄影器材企业的工作人员，每次给客户服务的时候，他都很负责任，注重一些细节。比如，给客户安装调试设备时，他总是戴上一次性塑料手套，以防手印留在上面。同时，他还特意将服务卡上的售后电话用笔勾出来，让客户一眼就能找到，而且总是在后面附上个人电话，以便客户能够随时找到他。

公司没有要求小邢一定要这样做，但他却很细心地考虑到了，而且养成了这个好习惯。时间长了，那些老客户都非常喜欢小邢，每次都直接打电话找他。就这样，小邢成了客户和领导眼中的"红人"，不久便被领导提拔为客户经理。

细节中蕴含着成功的机会，许多大的成绩是从做好一点一滴的小事开始的。所以工作中，我们要有一种强烈的责任感，用做大事的心态对待工作中的细节，重视身边的每件小事。

细　节

　　反思一下，你对待细节够不够重视？比如，你有没有在书桌上把文件摆放得乱糟糟？你有没有边上班边吃零食的习惯？你有没有在别人面前发对领导的牢骚？你觉得这些事情没什么大不的，总有时候，这些小节会成为你前进的阻力。或许有一天，领导会突然找你要文件，然后看着你从乱糟糟的文件中苦苦寻找。或许有一天，你的零食会打翻在桌上，污染了一份马上要交给领导的报表。或许有一天，你发牢骚的时候，没发现领导就站在你的身后。

　　注重细节，不仅是一种理念，也是一种工作态度，更是一份职业责任。工作中，我们不要放纵自己，忽视那些小节，而要从点滴做起，一步一个脚印，把责任体现在细节之中，这样才能成就大的事业。

　　因此，担负起自己的责任，做好自己的工作，就需要我们从注重细节做起，勿以恶小而为之，勿以善小而不为。细节中所体现的不仅是你的工作能力，你的工作责任感，更有你的人品和职业道德。虽然有些老板在选择人才的时候不拘一格，但更多的人会觉得人品有时候跟能力一样重要。

"差不多先生"，
不如说什么都差一点儿

胡适先生写过一篇《差不多先生》，里面的主人公常常说："凡事只要差不多，就好了。何必太精明呢？"他小时候，把白糖当作红糖买来；上学的时候，把山西跟陕西混为一谈；做伙计记账的时候，常把"十"字当成"千"字；到后来，他病得要死，家人跟他一样，把兽医王大夫当成给人治病的"汪大夫"，结果他生生被医死了。临死的时候，他还觉得其实死人跟活人也差不多。

我们读到这个故事，多半会一笑置之，把它当作一个笑话而已。其实，这种"差不多"先生，在现代职场中也不少见。有些人只管按月领饷，不问贡献，只是做一天和尚撞一天钟。比如参加展销会，他们觉得晚到10分钟跟早到10分钟其实差不多；一份企划方案，他们觉得旺季和淡季差不多；一份报价单，他们觉得预计10%的利润跟11%的利润没多大差别……把事情做得"差不多"，成了他们的行为准则。

"差不多"真的就是"差不多"吗？世界上哪有那么多的差不多，你觉得自己跟旁边的同事工作能力差不多，旁边的同事又和你们的上司差不多，你们的上司又和老板差不多，岂不是你和老板也差不多了？为什么老板的收入可能是你的十倍、百倍，或者还不止呢？

每个企业和组织都可能存在这样的员工，他们有一个共同点，那就是做事不够精细，或者说责任感不够强。他们每天上班迟到三五分钟，好像不是什么大错，很少按时到达工作岗位开始工作；他们每天忙忙碌碌，却不愿精益求精，把工作做到位。职场上，"差不多"先生永远只能做跑龙套的配角，只有那些对工作做到精细到位的人，才能成长为企业的中坚力量，得到重用。

那些"差不多"先生，觉得自己的能力和位置也差不多，工作的时候只要不出事故，就能混得差不多。其实，他们没有想过，自己还能混日子，只是因为他们是老板觉得可有可无的人，是老板觉得做同样多的事情中最廉价的人。如果老板有更多的选择，第一个要走人的就是那些"差不多"先生。"差不多"先生，其实跟谁比起来，都要差一点儿。

野田圣子曾经在日本东京帝国饭店打工，她的第一份差事是清洗这家饭店的厕所。

圣子从小没干过家务，又特别爱干净。因此，洗厕所时，她实在难以忍受那种气味，尤其是她用细嫩柔滑的手拿着抹布擦拭马桶时，近距离的接触让她胃里翻搅，几乎要呕吐出来。

圣子哭过，几次想放弃，然而好胜心又驱使她坚持下去。

细　节

　　这时有一位前辈出现了，他看出圣子的烦恼。他没有多说一句话，而是给圣子做起示范：他一遍一遍地刷着马桶，不放过任何一个角落。他对马桶的专注就像对待初恋情人一样，这让圣子非常惊讶。

　　清洁完成以后，前辈告诉圣子，做事情一定要认真。即便是刷马桶这样的工作，也要做到让马桶光洁如新。否则，你的工作就不算合格，没有完成你的工作。

　　从此，圣子认识到工作本身并无贵贱，责任的真谛就是把每个细节、每件小事情都做到位、做到极致。

　　后来，饭店高管验收圣子的工作时，圣子清洁的厕所光洁如新，甚至能够当镜子使用。圣子大学毕业后，顺利地进入帝国饭店工作，成为该饭店最出色的员工。

　　圣子在37岁时步入政坛，在小泉首相的任期内被任命为日本内阁的邮政大臣。而她总是以帝国饭店时的工作为荣，对外自我介绍时，总会说："我是最敬业的厕所清洁工，也是最忠于职守的内阁大臣。"但她多次否认，自己没有像小报上说的那样曾喝过马桶水，还告诫大家，不管马桶刷得如何干净，马桶水都是不能喝的。

　　每个人的职业道路要靠自己来走，留下自己不可磨灭的脚印，最后到达成功的终点。这一切不是靠你的高学历，也不是靠你的显赫家世，而是靠你对工作负责、敬业的态度。只有不满足于把事情做到差不多，而是用十二分的责任感对待十分的工作，把工作做到极致，你才能如圣子一样，成为职场上令人瞩目的风景。

　　人与人的差距，有时候不是职务能够体现出来的。例如，你和你的同事，如果两个人都把事情做到最好，那么在上司的眼中，你们两个的重要性、才能就是相同的。但是你抱着差不多就好的心态，差距就会拉开，你的同事和你的距离虽然不大，但也能让人一目了然。到时候谁能够晋升，谁是上司眼中做大事的材料，就毋庸置疑了。

"差不多"的工作态度是不负责任的表现，结果就是工作马马虎虎，敷衍了事。"差不多"说明的问题不在于"不多"，而是"差"，就是没有做到位。持有"差不多就行，何必太认真"这种工作态度的员工，不仅不能使自己的工作做到位，还会阻碍企业发展。

为什么学习医学、物理学、化学、生物学，都需要数学作为基础呢？就是害怕出现差不多的人。数学上，任何数字都是非常精确的，绝不能差不多。有时候，即便只差了小数点后无数位最末尾的一个数字，也会让结果截然不同。成功和失败，就在一线之隔，差不多绝对不行。

"差不多"，其实是差得很多。竞技场上，冠军与亚军的区别，有时候小到肉眼无法判断。比如短跑，第一名与第二名有时可能相差0.01秒；又如篮球比赛，胜利者和失败者有时仅是一分之差。然而，冠军与亚军所获得的荣誉和财富却犹如天壤之别，全世界的目光只会聚焦在冠军身上，谁也不会关注失败者的泪水。

一天，著名雕塑家米查尔·安格鲁在他的工作室中向一位参观者解释，他一直在忙于上次这位客人参观过的那尊雕像的完善工作。他告诉参观者自己在哪些地方润了色，使那儿变得更加光彩；怎样使面部表情更柔和，嘴唇更富表情，去掉哪些多余的线条使肌肉显得强健有力，全身更有力度。

细　节

　　那位参观者听了不禁说道："这些都是些琐碎之处，不大引人注目啊！"雕塑家回答道："一件完美作品的细小之处可不是件小事情！"正是对细节和小事做到极致，才成就了这位伟大的艺术家。

　　无独有偶。画家尼切莱斯·鲍森画画有一条准则，即把细节做到位，追求极致。他的朋友马韦尔在他晚年问他，为什么他能在意大利画坛获得如此高的声誉？鲍森回答道："因为我从未忽视过任何细节，总是用做大事的心态对待身边的每件事情。"

　　成功者就是因为注重每个细节，不肯做"差不多"先生，才能凡事都比别人做得好一点儿。正是因为凡事都能比别人做得好一点儿，他们才能获得更多的积累，最终超越其他人，获得成功。凡事都差不多，都比别人差一点儿，最终积累起来的结果只能是成功的反面——失败。成功者与失败者所做的事情可能差不多，但最终结果却是两个完全不同的极端。

　　有的人每天擦六遍桌子，他一定会始终如一地做下去；但有的人一开始会按要求擦六遍，慢慢地就会觉得五遍、四遍也可以，最后索性不擦了。每天工作欠缺一点儿，天长日久，就成为落后的顽症。这句话道出职场上失败者失败的原因，值得我们每个人警醒。

　　职场上，这种"差不多"的心态要不得。每个人都要在工作中不折不扣地尽到自己的责任，不能满足于"差不多"，哪怕只差一点点，也是对工作的不负责任。说不定哪一天，这一点点就会变成压垮骆驼的最后那根稻草，使我们与成功失之交臂。所以，坚决不要做"差不多"先生，要做就做"精益求精"的"完美"先生。

忽视1%，
会遭遇100%的失败

工作中，我们常常听到这样的说法："我是个新手，把活儿做成这样就不错了。""这套模具加工完成后，跟图纸要求的误差很小，也算可以了。""今天加工了300个零件，才出10个次品，车间里我是技术最高的，哈哈！"

数学上，如果100分是满分，差一分就是99分，也是响当当的高分了；但在工作中，有时仅差一分，结果却等于0。客户服务中有这样一个公式：99%的努力+1%的失误=0%的满意度。也就是说，纵然你付出99%的努力服务客户，赢得客户的满意，但只要有1%的失误，就会令客户产生不满。如果这1%的失误正是客户极为重视的，你就会前功尽弃，99%的努力将付诸东流，最终失去这个客户。

1%的重要性是人们难以想象的。有些事情，100%是成功，99%就是失败。这时候，99%和0是毫无区别的。研究人员说，我们新

细 节

产品的研发进度已经是99%，那新产品能上市了吗？还不能。销售人员说，我们与客户已经达成99%的共识，那么客户愿意签合同了吗？还没有。老板说，投资公司对我们投资的意向已经达到99%，那么公司有钱了吗？还没钱。有些时候，99%和0没有区别，同样代表一无所有，也会因为剩下的1%一败涂地。

99%不等于完美。企业要想在商场上无往而不利，个人要想在职场上脱颖而出，就不能满足于99%，不能忽略那个看起来微不足道的1%。这个1%，或许正是平庸与精英、失败与成功间的根本区别。

工作上，每个人的岗位虽有所不同，职责也有所差别，但任何工作对责任和结果的要求都是一样的。每个领导也希望员工能够把工作做到完美，而不是躺在99%的功劳簿上睡大觉，1%的差距绝不是一步之遥，而是发展与没落的分水岭。那些卓越的精英与普通员工之间的差别，往往就在于这微不足道的1%。

当你把事情做到100%的时候，说明这件事情只能做到100%，而你的才能不仅止于此。如果你交上的考卷是99%，说明你的能力只有99%。或许你在与精英人士共同做一件小事的时候，你们之间的差距是100%和99%，中间只差1%。但如果做一件大事，一件非常困难的事情时，你们之间的差距就会急剧扩大。对方刚才只能展现100%的实力，而现在不止了。想要成为精英人士，不断追赶别人的步伐，100%可能都不够，更何况是99%。

有这样一个荒谬的故事，说在第二次世界大战中期，美国伞兵在战争中扮演了重要角色。当时，为了提高降落伞的安全性，美国空军军方要求降落伞制造商必须保证100%的产品合格率。但是降落伞制造商一再强调对工业产品来说，99.9%的合格率已经够好了，任何产品也不可能达到100%，除非这项工作由上帝来干。

军方非常愤怒，因为0.1%的缺陷率就等于说，每1000个士兵中就可能有1个士兵为此付出生命的代价。这对数量庞大的美国伞兵而言，意味着大量鲜活生命的消失。于是，在交涉不成功的情况下，美国军方决定从每周交货的降落伞中随机挑出一个，让降落伞制造商负责人穿上，亲自从飞机上跳下来检查产品质量。

奇迹发生了。降落伞的合格率竟然突破微小的0.1%，达到100%。

只有在体会到切实的生命威胁之后，厂商才终于意识到100%的合格率的重要性，激发出真正的责任感，从而创造了奇迹，为盟军的胜利做出巨大的贡献。

这个故事流传广远，令人震惊。只要认真思考故事中的0.1%，就会发现这个故事究竟有多么荒谬。早在很久以前，跳伞的事故率只有0.000013。如果降落伞的不合格率达到0.1%，美军空降兵与飞行员的死亡率将非常惊人。愤怒的军方不会让制造商亲自试验降落伞，而是选择将他们直接枪毙。0.1%的不合格率，这与谋杀无异。

而且，没有经过训练的人跳伞，成功率与降落伞的质量无关。即便降落伞的合格率是100%，跳伞者存活的可能性不过是1%而已。

为什么会出现这种荒谬的文章，并流传甚广，就是因为很多人没有思考0.1%究竟有多么重要，会造成多么大的影响。

不怕做不到，就怕想不到，或者虽然想到，但没有足够的责任感而不去做。毋庸置疑，满足于99%的工作态度，经常会使工作中的诸多努力化为乌有，导致失败。这与完美的工作结果间隔着一条巨大的鸿沟。只有对待工作永不止步，追求完美，才是真正负责任的态度；只有拥有这样的责任感，我们才能最大限度地激发潜能，突破瓶颈，使自己的能力和业绩更上一层楼。

那些以做到99％为满足的员工，他们的责任心远远不够，不能把任务做到完美，也就不会得到领导完全的肯定和信任，也绝不会有太大的成就。其实，很多人距离成功只有一步之遥，过不去1％这个坎儿，总是山重水复。只有真正做到对结果负责，把工作做到完美，才能在职场的转角处柳暗花明。

你的懊悔中，
有多少个一分之差？

人与人之间存在差异，这是由遗传基因、成长环境、受教育水平决定的。不管你是否承认，但客观差异就在那里，它们会体现在智力、能力、见识上。这种差距虽然有，但并不巨大；虽然能够对人产生影响，却不是绝对性的。很多人在遭遇失败、输给竞争对手的时候，只注重结果，却没有注意胜负间究竟有多大的差距。很有可能，这个失败只有一点点，也就是所谓的一分之差。

一分之差最多的是发生在体育赛场上，不管是在得分艰难的足球赛场，还是得分相对容易的篮球赛场上，总会有相差一分而失败的情况。一路领先，最后时刻却因放松、疏忽大意而被人翻盘，这种情况屡见不鲜。不管是常规比赛还是最后定输赢的决赛上，都经常上演。

生活中，这种情况并不罕见。有时候遇到一些不顺利的事情，往往是因为落后了别人一点点。也许正是因为你晚出门一分钟，就没有得到地铁上最后一个座位。仅仅是因为你路上耽搁一分钟，就没有赶上刚刚离开的那趟电梯。正是因为没有赶那趟电梯，你在一次重要的会议上迟到了，错失一次重要的机会。

一分之差，重要吗？也许你觉得不重要，觉得稍微一使劲就能够得回这一分。但当你失去这一分的时候，相差的不仅是数量的变化，更是质量的变化。赛场上，冠军和第二名有时候只差一分，但双方得到的东西却截然不同。大选的时候，两名候选人的得票率可能只差一票，但最终结果是一人成功当选，另一人只能落选。考试的时候，一分可能是第一名与第二名的差距，也可能是第一名与前十名的差距。当然，也有可能是及格与不及格之间的差距。

你还敢小看一分之差吗？一分之差，有时候代表的不仅仅是一分的差别，更是两个层次的差别，还是成功与失败的差别。一分之差，有时候就是决定性的，主导一切事情的走向。

甲骨文公司是全球知名的数据库软件公司，在硅谷日新月异的发展中屹立不倒，是科技公司中的常青树。甲骨文的早期发展历程看似一帆风顺，但其实只领先别人一步而已。

甲骨文的创始人拉里·埃里森设计甲骨文数据库软件的想法，其实是从IBM工程师那里得来的。当他听到这个念头以后，马上如获至宝，抢先将软件制作出来。虽然这个软件只是半成品，却广受欢迎。人们宁可使用只能实现拉里·埃里森承诺功能中的一小部分，也要体验这个新想法的数据库。而在IBM，虽然他们的工程师最先提出这个想法，却没有马上将产品制作出来。因为IBM当时已经是成熟的数据库供应商，他们的转型更加麻烦，新产品要更加完善才能推出。正是因为IBM的谨慎，他们晚了一步。正是因为一分之差，IBM逐渐失去数据库领域中不可撼动的地位。

一分，有时候象征的不只是一分。胜利与失败的差距，有时候只有一分，而卓越与普通之间的差距，有时候也只是一分。当然，很多时候，这一分的差别没有表现在分水岭上，但是这个时候，一分同样重要。

一分所展现的优势，只是目前的一分，有时候分数是可以积累的，更是可以滚雪球的。一分的差距，在长时间的滚动以后，会变得越来越大。随着时间的不断推移，在你一个不小心的时候，原本相差的一分已经变成十分，甚至几十分。

巴菲特在中国被称为股神，在美国被称为先知，他总是能够以小博大，用较低的本金获得很高的收益。那么，巴菲特不断获得成功的原因是什么？固然有他从不停止思考的习惯，有他小心谨慎的个性，有他从不赚快钱的坚持，更加重要的是，他从不认为一分之差是很小的差距。

巴菲特能够在十几年里让他的资产翻上几十万倍，就在于他肯不断地赚小钱。看看巴菲特在早年做的一些投资，虽然有不少的大手笔，如航空公司，电视台等。但像地方报社、家具店、糖果公司这样小规模的投资，他同样重视。小投资虽然目前盈利不多，但胜在稳定，小投资一开始的时候虽然收益不高，但前景更好。很多别人看不上的公司，在巴菲特收购了几年以后，都开始赚进大笔的利润，让巴菲特获得几十倍的收益。也许最开始赚的只是一分钱，但

细 节

在不断增加盈利、不断滚雪球之后，这一分钱将会变成一个惊人的数字。

一分之差，在最开始的时候可能不会被人重视，但在开始滚雪球以后，差距就会变得越来越大。我们甚至可以说，一分之差所代表的不仅是一分，更是一种趋势、一种预兆。

原本处于领先位置的人，开始落后第二名一分的时候，说明已经被追赶上很多分了。那么，下一个结算周期会发生什么？如果原本领先的人尚未注意到自己被大跨步追赶上的状况，还沉湎于过去的辉煌，认为一分之差不算什么，下一次他被甩开的距离就可能要超过这一次被赶上的分数。即便亡羊补牢，也未必就能夺回领先的位置。原本的差距越大，在被追上以后就会被甩开得越远。所以，当原本的胜利者开始以一分落后的时候，所需要的不仅是警惕，更是改变。因为这一分所代表的不仅是一分，更是差距的不断缩小，一种近期甚至未来一小段时间的发展趋势。

人生总有很多的懊悔事情，但以一分之差落败最让人难过。小看一分之差，就会有这样的结果。只有重视一分之差，明白一分之差究竟代表什么，才能够保证自己不会因为一分之差而落败。

想想当初的"小不忍"，
对你的伤害多残忍

　　小不忍则乱大谋，这句话被人们奉为经典，认为只有那些城府较深、能沉得住气的人，才能够获得成功。深思熟虑、谨慎行事的确能够降低你的失败率，即便没有获得成功，也不会让你蒙受太多的损失。但是人们所说的"小不忍则乱大谋"，并不是说在任何情况下都要忍，恰恰相反，在我们的工作中，很多时候是不能忍的。很多细节性的错误，很多看似很小的纰漏，如果忍下了，后面你会知道，当初你所忍下的小事，会给你多么残忍的反馈。

　　1978年，日本航空的一架飞机尾部发生刮擦意外。维修工人进行维修时，原本打算为受伤的机尾打上两排铆钉，结果手头只有一排。维修工人觉得差一排铆钉没什么大不了的。并且，在最开始的时候，的确如同他所想的那样，一切正常。

　　这架飞机一直正常飞行7年之久。在这7年中，飞机尾部所承受的压力越来越大，进行了12000多次飞行之后，终于有些不堪重负。1985年8月12日，这架飞机再次起航，从东京羽田机场起飞。半个小时以后，飞机的垂直尾翼和尾部的三套冗余液压系统发生爆炸，飞机陷入失控状态。

这意味着什么？打个比方，就如同开车的时候，驾驶员手上的方向盘突然失灵一样。飞行员小心翼翼地控制着飞机，试图让它能够迫降在横田军用机场，结果未能成功。这架带着小小隐患，在7年内飞行12000次的飞机终于坠毁。飞机上共有524名乘客，其中520人死亡，只有4人幸存。引发这场灾难的，仅仅是因为维修工人对于一排铆钉的忍耐。

如果说1978年的事情距离我们太远，那么世界上第一家成功的私人航天公司SpaceX同样遭遇过类似的事情。他们实验猎鹰9号的时候，多次发射失败，其中一次失败的原因就是火箭上的一颗螺丝钉没有被拧紧，带来的直接损失高达几百万美元。

小不忍则乱大谋，但有些时候我们真的不能忍。那些看似可以忍耐的小事，最终带来的后果可能要比我们想象的更加严重。只有认真做好每件小事，认真把握好每个细节，才能真正地免除一切后患。即便我们因忍耐带来的伤害有人愿意补偿，可有些东西是无可替代的。比如我们的健康、时间，或者更多金钱和时间都无法弥补、无法逆转的东西。

其实，在生活中，我们最难容忍的是他人，最轻易原谅的是自己。当别人犯下一些小错的时候，大多数人能够发现，其中一部分人也愿意为别人指出来。这些事情如果放在自己身上，就会选择原谅，选择忍耐。毕竟只是一件小事，甚至有时候，这件事情已经变成某种习惯，根深蒂固。想要改变的时候，总是自我安慰：这不算什么大事，对自己不会有太大的影响，也不会影响到别人，何必苛求自己呢？

实际上，再小的坏习惯也是坏习惯，你永远不会知道一时的放纵会让自己陷入怎样的境地，为自己带来多大的麻烦。

居里夫人是一位伟大的物理学家，她所发现的镭是如今人们已经有了较多认识的元素。特别是它具有较强的放射性，让人们不愿意在生活中接触这种元素。但是在镭刚刚被发现的时候，人们对它的态度可不是这样。那时候，镭就是流行元素，因为它能够闪闪发光。很多时尚的年轻人不仅会将镭放在化妆品中，让自己在夜晚闪闪发光，甚至还有人将镭放到饮品中，将散发诡异色彩的鸡尾酒当成最奇妙的饮料。后来，人们发现镭对人体有着巨大的危害。这与一位姑娘的坏习惯是分不开的。

1921年，一位在镭公司为夜光表盘上色的姑娘来到医院。她对医生说，年仅25岁的她觉得自己仿佛是老年人。她的体重迅速下降，关节比老年人还要僵硬，并且经常疼痛，觉得自己活不久了。医生没有找到确切的病因，但姑娘的身体已经不足以让她继续工作。一年以后，姑娘再次来到医院，她的医生发现她的下巴有些脱落，贫血非常严重。过了几个月，这位姑娘离开人世，死因被诊断为胃溃疡。

直到几年以后，一位对镭非常有研究的法医注意到，这个姑娘生前在镭公司工作，负责为夜光表盘上色。并且，她有个坏习惯，

细　节

在用毛笔上色的时候，总是喜欢用嘴巴将毛笔噘成尖的。为表盘上色用的镭，就这样通过她的嘴进入身体。她不是死于胃溃疡，而是镭中毒。

这件事情引起人们的注意。从那天开始，要求医生在药物中添加镭的病人，要求在鸡尾酒中添加镭的客人，将镭涂在自己嘴唇和指甲上的女孩全都绝迹了。

小不忍，有些时候不是什么坏事，忍下来才会出大问题。我们评价一个人时，并不是一件事情就决定的，更多的是众多小事的积累。如果你能够改变自己的一些小毛病，一些不大的坏消息，而不是选择忍耐或原谅自己，势必能够让自己越来越好。如果一再纵容自己的一些小毛病，不断原谅自己犯下的一些小错误，早晚有一天，这些小的东西会累积成一个巨大的麻烦，给你沉重的一击。

Chapter 2
你看似在取巧工作，
其实是给前途种下罪过

　　无论在什么地方，那些疏忽工作的人都会成为企业裁员的"热门人选"。

　　工作就像一面镜子，你怎么对它，它就怎么对你。在工作中，你埋下什么样的种子，将来必定得到什么样的果子。

"差不多就行"，
老板可不答应

你是如何进入一家公司的？是什么让你选择了当前的工作，又是为什么让你工作的公司选择了你？能够达成这种双向选择的，必然是因为各取所需。你选择工作，是因为这份工作能够让你实现自己的抱负，或者是满足你的需求。你的老板选择了你，必然是因为当前的你能够胜任所应聘的岗位。总有人觉得，自己虽然不像刚刚入职时那样努力，也没有兑现自己应聘时的全部承诺，觉得"差不多就行"，这时候，问问你的老板答应吗？

在工作岗位上，你是有必然价值的。只有你做到应该做的事情，完成在应聘时所说的话，实现在工作岗位上的目标，你才算发挥出应有的价值。如果你开始当个"差不多就行"的员工，说明你的价值已经在缩水。做个简单的比喻，就如同一件商品，当你买衣服的时候，自然希望衣服是能穿的；当你买车子的时候，自然希望车子是代步的。如果连这种最基本的功能都实现不了，购买这件事情就变得毫无意义。

公司需要的人才也是如此，招聘某方面的人才是公司需要，或者说这个人满足了公司的需要，能够为公司创造价值。公司以盈利为主要目的，任何老板都不可能将工资发给一个不为公司提供服务和创造价值的闲人。当然，除非公司是你家的，或者是你家亲戚的，给你绝对的自由。

觉得自己受到不公正的对待，付出的太多而得到的太少，觉得收入和所做的事情不成正比，进而怠惰工作，这种想法非常可笑。你认为拿的钱少了，所以才会不认真地对待工作。殊不知，你做到应该做的时候，才刚刚配得上拿的薪水。如果你想要更多，就请先做到更多。

况且，合同不是卖身契，你的工作也不是终身制。如果你觉得获得的报酬配不上你的工作量，为什么不跳槽呢？为什么不换一个更能认真对待你的地方呢？一定有什么促使你留下，或许是安稳的环境，或许是学习的机会，或许是更好的前途。不管是哪一项，都说明你目前的工作除了报酬外还是有潜在价值的。即便这些不是真金白银，也是工作为你提供的，但也是公司为你带来的附加值。如果你因为这些而留下，同样没有资格消极怠工。

任何消极怠工都会让你的价值缩水，这件事情不需要火眼金睛才能看出来。任何一个老板，都能够看到你所创造的价值越来越少，你本人的价值在老板的心中开始缩水。你不能升职加薪的原因恐怕就在这里。当你觉得把偷懒这件事情做得神不知鬼不觉的时候，老板早就在背后盯着你了。之所以没有辞退你，保留当前的位置，只是因为你在这个位置上是支出最少的人员。一旦有更合适的人选，你就要走人了。"差不多就行"，会让你越来越怠惰。而更多的怠惰又会让你觉得做得越少越好，做得多的人是傻子。那么，到底谁是傻子呢？

讲到这里，我们不妨来看一则有趣的寓言故事：

有一个商人做各种买卖，只要能赚点儿钱的生意，他都会做，有时贩卖布匹、珠子，有时贩卖水果和新鲜蔬菜。为了免去到处徒步的奔波之苦，商人买了一匹白马、一匹黑马，让它们各自驮着一些货物走乡串村，每天四处奔走。白马尽职尽责，拉得很好；黑马却常常停下来左顾右盼，待商人打几鞭子才肯走。

商人见黑马总是走在后面，就把黑马身上的一些货物挪到白马身上。黑马见此心中一动，故意走得更慢。渐渐地，商人把所有的货物搬到白马身上。终于不用驮货物了，黑马心里偷着乐，谁知商人却找到一位屠夫，说："既然只用一匹马拉货，我还养着两匹马干吗？不如好好地喂养这匹白马，把这匹黑马宰掉，我总还能得到一张皮吧。"黑马恍然悔悟，但已经太晚。

俗话说，不想当将军的兵，不是一个好兵。同样的道理，不想升职加薪的职员，不是一个好职员。在职场，当你看到别人升职加薪，自己却一直停步不前时，你心里做何感想？是怪你自己没努力，还是怪领导不识货？升职加薪的好事，轮不到你的时候，你就要反思，自己的价值是否体现了出来。

世界上没有那么多不劳而获的事情，更不能期待天上掉了馅儿饼到你的头上。一个萝卜一个坑，那些看似轻松的人，必然有人替他们辛苦过了。如果没有人替你辛苦，就只能你自己辛苦。你拿了公司的薪水，就应该在自己的岗位上兢兢业业，做好自己应该做的事情，发挥自己应该发挥的价值，否则可能连这份辛苦的机会都没有了。

我曾在一家证券公司的电脑部担任资料员，那时就已经认清公司不养闲人的事实。而且，我们是有绩效工资的，因此我工作得很努力，也做好了吃苦的准备。但令我不解的是，同部门的同事阿君却似乎整天无所事事。我经常见他坐在工位上慢悠悠地喝咖啡，或是带着耳机悠闲地听音乐，而且一直没被老板开除。当时我想，老板和阿君非亲非故，没事养这么一闲人，真傻。

一天，阿君正在怡然自得地听音乐，忽然老板来了，我真担心老板会责怪他。可老板却笑着拍拍他的肩膀，然后说道："你来一下，会议室的投影仪出了故障。"阿君一下子从椅子上跳起来，脚步匆匆，近乎一路小跑来到会议室，里面几个公司的董事正焦急地等着开会。阿君检查了一下机器，说问题有些严重，但他有办法。说着，他一个人就忙开了，十分钟后，投影仪恢复正常运行。

大家纷纷对阿君竖起大拇指，后来得知，正是由于阿君判断故障准确，处理故障及时有效，为公司挽回近百万元的经济损失。我猛然意识到，老板原来并不傻，养兵千日，用兵一时，别看平时阿君看起来无所事事，但这次他为公司挽回的经济损失，不知道是他年薪的多少倍！

当你觉得自己可以偷懒，可以散漫一些，老板也不会知道；当你觉得自己已经是个成熟的职场人士，可以自行把握工作量与薪资之间的关系时，不妨思考一下，你是否兑现了入职时的承诺。如果没有，你觉得"差不多就行"，不妨再思考一下，当老板发现了，他会不会答应。

　　如果你的答案还不是很坚定，没关系，有句话说得好："努力从任何时候开始都不晚。"从今天开始，反思你自己的行为，发扬工作中好的地方，努力改正不好的地方，好好做自己的本职工作，做好与自己相关的事情。当你的能力足够强时，如果老板还不给你升职加薪，你还会继续在这干吗？答案肯定是不会。说不定到时候，早就有别的公司向你伸出橄榄枝了。

假装努力，
凭什么真的成功

对于努力这件事情，每个人都有自己的看法。有些人觉得拼命干活儿才是努力，有些人觉得把工作干好就算努力，还有些人觉得让老板看见自己在工作就是努力。不同的答案给出不同的结果。有些人每天拼命加班，老板不回家，他会陪老板待到半夜，混了几年还是个小职员。有些人也会加班，但只在有需要的时候才加班，比老板早回家是一种常态，但偏偏能够升职加薪。这是为什么？是老板偏心，还是别人运气太好？凭什么看上去最努力的人，却得不到最好的结果？这个问题的答案，可没有那么简单。

努力到底有没有用？当然有。至于为什么往往努力过后还会失望，我认为，所谓的天赋和运气不过是借口罢了，真正决定你的努力是否有用，不是靠运气，也不是靠天赋，而是你是不是真的努力了。有些人看似努力，其实只是在假装努力而已。

细 节

我认识一位刚毕业的女孩，一心想做一名作家。她看起来很有上进心，总是喜欢找我推荐一些好的图书。我很欣赏努力的人，所以每次都会认真地给她挑选，并告诉她哪些内容最好要摘录下来。她每天在朋友圈晒自己看书的图片，时间经常显示是深夜一两点，周末还泡图书馆，看起来她真的很努力。

有一次，我跟女孩闲聊，问她："你的写作水平提高了吗？"

女孩闷闷不乐地回答："看了那么多书，还是没有一点儿长进。"

我又问她："你摘录的内容有多少了？"

她回答："我的目标是两天读完一本书，每次都是匆匆忙忙读完，哪有时间摘录。"

她真的努力了吗？显然没有。她知道怎么做是最正确的，知道怎样读书能让自己记住，但却没有选择这种做法。原因是什么？当然是因为这种方法并不轻松。摘抄文章能够让她记住书中的很多内容，从读书中获得很多收获。不过，这样下来，至少要两三天才能读完一本书。而走马观花地看，一目十行地扫，一天就能读完两本书。不需要思考，不需要记忆，这是一件非常轻松的事情。当她没有任何收获，没有任何提高的时候，她可以大言不惭地告诉自己，我努力过了，可惜天赋不够，这怪不得我。

可笑，这样的努力算什么努力，只不过是自欺欺人而已。

你是不是也是这样？

你每天宁愿身子坐得直直的，假装很认真工作的样子，却不愿意遏制自己神游的野马。

你每天加班加点地辛苦工作，宁愿每天因为各种琐事忙得跟陀螺一样，也不愿意花一点儿时间提升自己的水平。

你明知道这项工作任务有更好的解决方法，但却懒得花费心思。

……

你敢说，自己是真正的勤奋吗？这种为了勤奋而勤奋的勤奋，最误人，也最伤人。

你的努力得不到任何回报，你的勤奋没有任何结果。那么，你就会开始质疑，努力这件事情是不是有必要的，勤奋除了辛苦还能得到什么。其实，你所遭受的苦难不是努力不给你回报，也不是勤奋毫无价值，而是你的努力、勤奋完全用错了地方。努力是公平的，勤奋也是应该的，这不是你苦难的根源，社会的不公平更不是你苦难的根源。

假装努力完全是在做无用功，不可能得到真的成功。

真正的勤奋很累，它需要我们把行动与思考有效地结合起来。对于行动中的关键节点，有非常明晰的认识，才能事半功倍，而不是总做无用功。思考越深入、越全面，越能帮助我们更快掌握做事的核心能力，让所有的努力付出都变成能力，改变费力不讨好的命运。

比如，销售员在谈单时不能光顾着滔滔不绝地讲解自己的产品，必须认真研究产品优势、市场趋势、客户心理，反复思考客户所说的每句话，仔细掂量对方的每个肢体语言和面部表情。只有掌握足够的基础信息，梳理出清晰的脉络，抓住顾客的心理，你才能一举谈下客户。

重复一些简单的肢体工作，重复一些不需要思考的事情，重复一些可以让你看起来很努力的事情，没有任何意义。只有真正地去努力，做那些不是重复做就可以完成的事情，不断动脑，不断思考，才能让你获得真正的进步，让你的努力不算白费，不被辜负。

对此，我深有体会。比如一开始练习写文章，拿到一个题目后，我往往会立即动笔写，写着写着就发现内容写不下去了，思维卡在那里，很难再写下去，当时特别难受，特别烦恼。就在那时，大学教授告诉我得先准备好思绪，想好题材，将要写的内容好好梳理一下，然后再开始动笔写。正是在教授的指导下，我顺利完成一篇篇文章，而且比较轻松。

天道酬勤，但酬的不是假勤。勤要勤得其法，勤得其所。

深度思考比勤奋更重要，它能带来认知升级，从而成为高品质勤奋者，否则就是人勤心懒的原地打转、身勤智惰的随波逐流、体勤思庸的低水平重复。深度思考不是深不可及，只要我们平时多动脑，多思考，多积累，理解工作的内在本质，就可以获得这一项技能。

工作不主动，
其他的主动权也别想了

主动工作，这是一件平常的事情。我们领薪水，就应该工作，这是我们的责任和义务。但有些人不这么想，他们认为如果我不主动工作，可能工作就落不到我的头上，少做一点儿，就说明多赚了一点儿。

这种想法非常荒谬。我们工作是为了更好地生活，而不是跟工作斗法。怎能少做一点儿工作，多拿一点儿钱，这不是我们应该想的事情。我们应该想的是，多做一些工作，多赚一点儿钱，当老板不给我们加薪的时候，我们有底气站在老板面前要求加薪，将主动权抓在自己手中。

那些不肯主动工作的人，看起来好像占了便宜，少承担了责任，少流了很多汗。但实际上，谁做了多少事情，谁少做了事情，老板早晚会看见。如果你是老板、领导，会更加喜欢哪种员工？是主动工作的，还是不叫就不动的呢？长此以往，不主动的员工，将失去自己的位置，在公司失去立足之地。

主动工作不仅仅是因为要让领导器重，而是更多的工作能够让你获得更多的知识和经验。当你的知识和经验积累得越来越多，就距离掌握主动权不远了。

乔梦于5年前毕业于某重点高校的汉语言文学专业，毕业后便进入文化公司从事编辑工作。工作过程中，乔梦虽然认认真真，但从不主动。比如有一次，同部门的编辑刘乐因为照顾生病的母亲请假一周，其他两名同事主动要求帮助刘乐完成手上的稿件，而乔梦却置身事外，一句帮忙的话都未曾说过。还有很多次，领导临时接到上级分派下来的紧急任务，需要全部门的员工协力完成。每当这时候，乔梦就找各种理由解释自己为何不能做这项工作。

渐渐地，大家都熟知乔梦的做派，无论是同事还是领导，都不怎么爱和乔梦沟通了。正是这种不主动的态度，让乔梦在公司里始终未能升职加薪。

毫无疑问，像乔梦这样的员工和主动做事没有半点儿缘分，她只想着自扫门前雪，对于自家门外的事情，则采取事不关己，高高挂起的态度。她不仅没有眼力见儿，甚至还主动将获得领导赏识的机会推出去。

不肯主动工作，推脱职责之外工作的人，数不胜数。他们觉得这种行为是理所应当的，实际上，这是缺乏责任心和担当意识的表现。他们不知道，当自己进入一家企业，占据某个职位，就等于拥有一方属于自己的天地。能否在这方天地里做得有声有色，主要取决于自己。假如凡事等着领导吩咐，从不积极主动，自己的这一方地盘就会越来越小，甚至成为一个无关紧要的边缘人物，最终失去自己的位置。

　　由此说来，要想在职场上混出个样儿来，不主动做事是不行的。

　　一个真正有所作为的员工，凡事都会积极主动去做，在责任面前绝不让自己置身事外。即使那些分外的工作，自己也会主动争取。这样的人，最终的结局，应该和前者恰恰相反吧！

　　对于积极主动做事，阿尔伯特·哈伯德这样描述："没人要求你，强迫你，而是你自动自发地并且自觉地做好自己的事情。"

　　实际上，主动做事虽然看上去是"多管闲事"的傻子行为，但最终受益的是自己。

　　凯米在一家超市做食品区的理货员，他是一个勤勤恳恳、认认真真的小伙子。凯米觉得自己算得上是好雇员。然而，从某一天开始，他似乎改变了一直以来对自己的认识。

　　这一天，就在他做完自己分内的工作和一个同事闲聊的时候，经理走了进来。只见经理看了看周遭的情况，然后对凯米使了个眼色，意思是让凯米跟着他。只见经理没有说一句话，便埋头整理起日用品区一些放乱了的货物。那些被顾客随手放置的物品，他都一件一件地放回到原来的位置。

　　经理的行为让凯米明白，原来经理是希望自己并不只是将目光放在自己负责的那块区域，空闲的时候还可以做一做其他区的事情，做一点儿自己职责之外的工作。

　　凯米在那一天获得不小的启发。他知道，自己的工作想要变得更好，就不能总是被动地等着事情来，而是要主动做事。

　　从那之后，凯米在完成本职工作之余，会积极主动地做一些其他的事。如此一来，凯米居然觉得原本枯燥的工作开始变得有意思起来。与此同时，他还得到同事更多的感谢和喜爱。通过在更多的工作中的历练，凯米学到很多东西，也具备了克服更多困难的勇气和能力。

这种经验对他的人生和事业起着深远的影响。它让凯米从一个旁观者变成认真、负责、积极主动的人。现在，凯米已经是一个成功的管理者了，但他仍然秉持以前的习惯，积极主动地去做事，即使不是分内的事。

凯米用积极主动的工作态度为自己赢得更多的回馈。试想，如果不是经理的"暗示"，凯米或许还在食品区理货员的位置上待着，永远不会取得今天的成就。

由此可见，主动做事对一个员工来讲，意义何其重大。其实，这种态度不只是对工作有益，对我们的人生同样有不可估量的作用。当自律与责任成为习惯时，成功才会向我们走来。一个优秀的员工不需要领导监督自己工作，他们完全依靠自己的责任心就会把工作处理好。

主动工作，主动做事，就能在升职加薪的事情上有更多的话语权、主动权，这并非无稽之谈。只要我们主动做事，甚至将其变成一种习惯，到了那个时候，我们从中收获的经验和知识是无法估量的。同时，我们能够在工作中找到更多的激情，更加热爱自己的工作。久而久之，你就能够比其他人获得更多的锻炼和成长。当你成为公司中离不开的那个人，成为你的岗位甚至整个公司里都无法替代的那个人时，你就能掌握自己的命运，获得最大的主动权了。

尽力而为，
才是真正的完美

　　面对同样一项工作任务，有的人认为这是自己的职责，要做就做到万无一失，尽善尽美；有的人则认为，做到差不多就行了，没有必要太过追求完美，稍微有点儿瑕疵领导不会发现的，即使发现了，自己也可以找理由解释过去。

　　计划是所有工作的先决条件。没有一个好的计划，做起事情来只能糊里糊涂，没有条理。计划固然重要，但能否真正落实下去，细节能否被完美执行，同样也非常重要。正是因为需要考虑的事情太多，我们才需要好的计划。如果细节不能被落实，认为有瑕疵、不完美，计划就等同于毫无意义。对于计划，你是选择尽善尽美，还是敷衍了事呢？

　　显然，这是两种不同的面对工作的态度。持有这两种态度的人，往往有着不同的职场人生。你在职场上获得怎样的地位，拿到

细 节

多少薪水，取决于你用什么样的态度面对工作。你用怎样的态度面对工作，工作就会用怎样的态度回报你。

祁刚进入这家业内知名的广告公司不久后，便接到上司交代的一项任务——为一家知名的IT厂商做一个新品发布会的策划方案。

毕业于名牌大学，有着丰富策划经验的祁刚自认为才华横溢，做出来的策划也是完美无缺。他轻轻松松地仅用一天时间就把方案做完了。

但是当他把电子版方案发给上司看的时候，却收到上司"重做一份"的答复。这一次，祁刚稍微认真了一些，用了两天时间重新起草一份方案。这一次，上司觉得方案做得还可以，于是就把它呈报给策划总监。

谁知第二天，策划总监把祁刚叫到办公室，对他说："在你看来，这是你所能做得最好的方案了吗？"祁刚听了"老大"的话，顿时一怔，没敢回答，只见策划总监轻轻地把方案推给祁刚。祁刚默默走出策划总监的办公室。

三天过后，当祁刚的第三份策划方案呈现在策划总监面前的时候，策划总监依然问了和上次同样的话。这一次，祁刚小声地回答说："我想如果再做些改进的话，应该会更好。"

策划总监听完，随即把方案退还给祁刚。

一个星期之后，祁刚彻底地认真完善了策划方案，做到毫无纰漏。当策划总监看到这个方案的时候，依然问了那句话："这是你能做得最好的方案吗？"这一次，祁刚毫不犹豫地回答道："是的，我认为这是最好的方案。"说完，只见策划总监点点头，说道："好，这个方案通过。"

　　策划总监没有直接告诉祁刚他应该做什么，而是通过严格的要求，训练下属必须尽最大努力做到完美。显然，这样的工作态度不仅是对企业负责，也是对自己负责。想必那位总监之所以能做到高位，应该和他严谨的工作风格分不开。

　　敷衍了事与认真负责，都是你在面对工作时可以采用的态度，但是不同的态度所产生的结果是截然不同的，你所得到的回报也是不一样的。

　　虽然很多事情不需要你做到尽善尽美，不需要你做到滴水不漏，不需要花费你所有的心血就能得到上司的认可。但是，我们能蒙过领导，却不能蒙过自己，我们对于工作的态度往往决定我们能否在一件事情中获得经验，得到长足的成长。当敷衍了事变成我们的信条，随便应付变成我们的习惯时，最终尝到苦果的一定是我们自己。

　　想要在职场中走到更好的位置，想要让自己更靠近成功一点儿，就必须学会让自己在工作中成长。我们没有那么多的时间与精力专门学习、充电，只能在工作中尽可能地获得回报。这种回报不仅有薪水，更有能力上的提高。当我们在能力上获得提高的时候，也就能够获得更多的薪水，形成一种良性循环。

　　从前有两个木匠，他们为同一个老板工作。其中一个木匠特别踏实肯干，每天都兢兢业业地完成自己的工作。而另一个木匠则喜欢偷奸耍滑，在老板目光之外的地方，他绝不干一点活儿。

　　最开始的时候，老板没有发现这件事情，两个木匠领了同样多的薪水。那个偷懒的木匠对勤奋的木匠说："你每天那么拼命干什么，你看我，每天轻轻松松，晒着太阳，抽着烟斗就把钱赚了。你呢，累死累活，还不是跟我赚的一样多。"勤奋的木匠没说什么，只是兢兢业业地做着自己的工作。

一天，偷懒的木匠因为生病，没有来工作。老板就想，今天能够完成的工作量肯定没有往常多了。结果，当晚上收工的时候，老板却发现工作量比往常没有少多少。老板一想，既然这样，我为什么不辞退一个木匠，将一半的薪水加在另一个木匠身上呢？

结果可想而知，那个偷懒的木匠被辞退了。

一个是尽心尽力地完成自己的工作，一个是偷奸耍滑，让自己轻松。两个木匠的行事风格放到职场上，也有同样的现象。作为职场人士，每个人都像一个木匠，我们的存在不是为了享受清闲，只有卖力地工作才能实现价值。如果我们像那个"聪明"的木匠一样懒散、不负责，离被辞退的日子也就不远了。

这虽然是很简单的故事，但很值得我们深思。要想让自己有好的未来，我们就要有积极工作、认真负责、全心全力的态度。只有这样，才能找到拓展自我的空间，成为企业中举足轻重、不可或缺的角色。

严格要求自己，是所有成功者必备的品质。他们很少急躁，更不肯轻易地认为自己的工作已经完成。他们要求精益求精，要求自己的工作能够做到最好。即便是在最严苛的条件下，也丝毫不肯放松。正因如此，他们才能够将自己的工作做到完美，甚至是超越完美。正是这样品质的工作，才真正成就他们的成功之路。

掩饰过错，
只能让你越错越多

　　人谁无过，这个世界上，每个人都会犯错，会因各种各样的情况出现失误。失误、犯错不是可怕的事情，可怕的是已经错了，却不肯承认自己错了。甚至有些时候，还会使用各种各样的方法掩盖自己的错误，甚至将错误推到别人身上。

　　没有人喜欢犯错，也没有老板喜欢经常犯错的员工。犯错就是没有能力的表现，就是不称职的表现。多次犯错给老板留下糟糕的印象，甚至会让自己的成功之路受到阻碍，在履历上留下难看的一笔。

　　其实，这是非常大的误解。工作中出现错误或失败并不可怕，可怕的是想把自己的过失掩饰掉，把自己应该承担的责任转嫁给他人。不敢承担责任也就没有责任心，这样的员工在企业中不会成为称职的员工，也不是企业可以期待和信任的员工，注定一事无成。

　　失败是成功之母，这句话不是没有道理的。既然这一次犯错了，只有知道自己错了，才能让自己下次不错。事事都错过，最终就能事事都不错。这难道不是一种成长吗？这不仅是成长，更是一条通往成功的捷径，通往升职加薪的捷径。

三十多岁的李海是某报社的一名主编，他才华横溢，思维敏捷，却工作懒散，积极性不高，经常逃避责任。完不成任务，交不上稿子，对他来说简直是家常便饭，但他总能找到掩饰错误的方式，找到推卸责任的背锅侠。

"我没有在规定的时间里把稿子做完，是因为同事让我帮忙做其他事情……" "我本来不想把稿子写成这样的，但责编坚持要我这样写……"这些话，几乎出现在每次让他交稿的时候，即便不跟别人说，也要在自己心里念上无数次。

有一次，报社到了发稿时间，李海却依然慢条斯理，最终影响到报纸的出报时间。这不仅让报社蒙受经济上的损失，更是损害了报社的声誉。

当报社追究责任时，他竟然说："这怎么是我的错呢？这都是胡斌的错。不是因为他，我肯定能够按时交稿。"胡斌是他的下属，工作尽职尽责。他居然企图让胡斌来承担损失。

接着，社长把胡斌叫到办公室，问他怎么回事。胡斌与李海不同，他是个勇于承担责任的人，也明白出了这样的事情，总要有个人来负责。于是，胡斌说："这件事情的确是我们编辑部门的失职，虽然我只是编辑部门的一名小编辑，但一定会弥补我们的损失的。"

第二天，李海被叫到社长办公室。"李海，鉴于你之前的行为对报社造成经济和名誉上的损失，社里决定处罚你。经济上的损失就不追究了，但你要自己想办法弥补对报社造成的不良影响。另外，你明天不用来上班了。"社长神情严肃地说道。

"社长，为什么？"李海百思不得其解。

"作为主编，你不能承担自己部门犯下的错误，又不能想办法弥补编辑部门对报社造成的损失，请问我要你这个主编有什么用呢？我想提拔胡斌为主编，他是一个勇于承担责任的人，是值得信任的。"社长回答道。

事情总是要有人负责的。一般来说，在团队中承担责任的是那些最有能力、最有勇气的人。当然，有些时候，是直接犯下错误的人。但不管怎样，领导、老板喜欢的是敢于承担责任的人，即便他真的犯了错误，也不会推卸责任，而是勇于承担责任。这不仅说明他们富有勇气，更说明他们有优良的人品。

当工作中出现问题的时候，如果你勇于承担责任，肯从自己身上找原因，及时改正错误，并在错误中汲取教训，错误就会变成一笔丰富经验、提高能力的宝贵财富，引领你登上事业巅峰。

与其将自己的问题推给别人，不如大大方方地接受问题。聪明的领导不会处罚勇于承担责任的员工，相反会更看重员工在出现问题中所体现的工作责任感。我们来看下面一个例子。

许政是某家具公司新招聘的开单员，尽管对工作还不熟练，但他认真负责的工作态度，赢得部门新老员工的一致好评。

一天，他因一时疏忽，把一台价值三千元的衣柜以三百的价格卖给一位顾客。这家公司对员工的要求是很严格的，一旦出现错误，就有被开除的危险。

细　节

　　发现错误后，许政十分着急，一时间不知道该怎么办。有同事告诉他可以根据客户留下来的联系方式追回两千七百元，也有同事劝他还是自己筹齐差的两千七百元，然后悄无声息地入账，息事宁人。

　　许政认为，世上没有不透风的墙，如果老板日后知道这件事后，一定会非常不高兴。这个混乱的局面是自己造成的，他必须负起这个责任。于是，他毅然地说："我要到经理那里承认错误。"

　　同事们听了许政的话大吃一惊，异口同声地说："你疯了，那样你肯定会被经理辞退的。"但许政主意已定，仍然坚持自己的决定，决定亲自去老板那儿认错。

　　许政带着两千七百元来到经理的办公室，将事情的原委说了一遍。"经理，对不起，由于我的疏忽给公司带来损失，这两千七百元是我这几年省吃俭用存下来的，希望可以弥补我给公司带来的损失。如果您要因为这件事开除我，我也没有任何怨言。"

　　老板看着许政，不解地问："虽然这是你的错，但你完全可以自主找顾客要回这两千七百元啊！"

　　"是的，经理，"许政说，"虽然我可以按照顾客留下的联系方式，找到顾客让他付这两千七百元，但这件事情完全是我的错误，不是顾客的，如果我向客户追回两千七百元，我们公司的名誉就会受到损失。这是我的过错，不是公司的过错，我应对这个失误负全部的责任。"

　　听完许政的话，经理握住他的手，说："好样的，你能在做错事情的时候主动承认，不将责任推到别人身上，这种勇气和决心很好。"他没有像其他人所想的那样开除许政，相反更加器重许政，在以后的工作中，给了许政更大的发展空间。

主动且诚恳地承认错误，说明你有一份敢于承担责任的勇气和信心。这不仅是一个人的工作态度问题，也是一个人的品质问题。把自己应该承担的责任承担起来，把责任浸透在工作中的员工，很容易得到老板的肯定，就算他表面上批评、责骂了你一番，实际上心里已经原谅你了。

因此，要想成为一名合格的员工，就应该牢记自己的工作使命，尽职尽责地履行义务，尽最大努力把工作做好。一旦出现问题，一切后果自己承担，绝不找借口，不推卸责任。

俗话说，好汉做事好汉当。在古代，好汉恐怕是普通百姓对于品格高尚的人最好的褒奖。自己做事自己当，显然是一个很重要的评价标准。我们做工作是一时的，但做人是一辈子的。想要把工作做好，就不能推卸责任，但想要把人做好，更不能推卸责任。

所谓完美，
就是小事的不断积累

完美是对一件事情结果的最高评价。想要获得这个评价不容易，世界上没有那么多完美的事情，也没有完美的人。我们能做的，只能是让事情无限地趋近完美。无限趋近完美，这不是靠运气，也不是靠才能，而是靠着不断的查缺补漏，靠着许多的细节。当你解决了一个小问题的时候，就朝着完美更进了一步，而一步步走下来，就是最接近完美的秘诀。

在康熙的诸多儿子中，论德行，论才干，皇四子爱新觉罗·胤禛都不是上好的材料。但是睿智的康熙皇帝经过层层考察筛选，却将皇位传给了他，成就历史上有名的雍正皇帝。康熙对雍正的评价是："耐烦不怕琐碎。"就是能够把小事做好，不眼高手低。

"九层之台，起于垒土；千里之行，始于足下。"量变产生质变，任何一件大事，都是由一件件小事组成的。无论在生活还是工作中，都不要忽略小事，即使是小事情，我们也要用做大事的心态去对待，做到极致，如此才能成就大事。

很多成功者并不是从一开始就卓越非凡，多数也是从做好小事情开始的，但他们与急功近利的人不同。他们拥有完美的执行力，往往能够把小事情做到极致，做到完美，从而一步步为自己赢得做大事的机会。

试想，如果连那些不起眼儿的小事情都能做到极致，做大事自然不在话下。就这样，他们完成从丑小鸭到白天鹅的蜕变，做出令人瞩目的成就。

汤姆·布兰德20岁进入福特公司的一家工厂上班。他从第一天上班起，就想在这个地方成就一番事业。但是怎样才能达到自己的目标呢？难道和其他的人一样，迫不及待地寻找一切可以晋升的机会，或者不择手段地往上爬吗？这样做不是不可以，但绝不是一条最好的道路。最好的路，是甘于从小事做起。

汤姆·布兰德从最基层的杂工开始。杂工的工作就是哪里需要去哪里，让你干啥就干啥。虽然都是一些不起眼儿的小事，但他干得非常认真，把小事做到极致。一年的时间里，汤姆·布兰德没有升职，也没有加薪，看似毫无收获，其实他收获的东西比那些拼命往上爬的人更多。汤姆·布兰德基本熟悉了从零件到装配出厂需要的13个部门的生产流程，这为他以后成长为一名有整体眼光的管理者打下良好的基础。

然后，汤姆申请调到汽车椅垫部工作。在那里，他掌握了做汽车椅垫的技能。后来，他又申请调到点焊部、车身部、喷漆部、车床部等多个基层部门工作。不到五年的时间，他几乎把这个厂各部门的工作都做过了。

汤姆的朋友对他的举动十分不解，认为他工作已经五年，却总是做些焊接、刷漆、制造零件这类的小事，这有什么意义呢？简直是在浪费时间，浪费他的才能。他们甚至数次规劝汤姆，让他不要将自己的精力和时间放在那些琐碎的小事上。

汤姆不这样认为，他说："我并不急于成为某一部门的小工头，我是以整个工厂为工作目标的，必须花点儿时间了解整个工艺流程。我做的虽然都是些小事，但是能够把小事做到极致，这就是我工作中最有价值的地方。这会帮助我实现自己的理想。"

汤姆说得很对，他能把每件小事都做好、做到极致，因而逐渐成了装配线上的权威人物，并且很快就升为领班。

在汤姆·布兰德32岁的时候，他成为15位领班的总领班，也成了福特公司最年轻的总领班。在福特公司这个人才济济的"汽车王国"，这是一件非常了不起的事情。

对于生产一辆汽车来说，制椅垫、焊接等工作可以说都是小事，但正是把这一件件的小事做到极致，才有了一辆辆性能卓越的福特汽车的问世。

汤姆全力以赴地做好每一件小事。从把小事做到极致的过程中，他积累了足够的经验，而且获得良好的发展机会，这为他日后做出更大的成就奠定了坚实的基础。

大事和小事，哪个比较难做？自然是大事。但大事与小事之间的差距，却没有人们想象的那样大。所谓的大事，不过是将无数的小事拼凑到一起而已。如果能够将每件小事都做好，做好大事也不是什么困难的事情。

　　工作中，如果你能把小事当作大事那样重视，做到极致，以后真正面对大事的时候，你就会发现再大的困难也能克服，做好大事一点儿也不困难。很多人心浮气躁，恨不得一口吃成胖子，恨不得一夜做出不朽的业绩，这是不可取的。古人常说，欲速则不达。只有先把小事做好，将来才能把大事做好。

　　"战争中，大事件都是小事情造成的后果。"这是古罗马恺撒大帝的名言。小事情也要执行到位，否则会影响全局，给企业和个人造成严重的影响。美国哥伦比亚号航天飞机升空82秒后爆炸，机上7名宇航员全部遇难。调查结果表明，造成这一灾难的原因，竟是一块脱落的泡沫击中了飞机左翼前的隔热系统。

　　这块泡沫材料只有0.75公斤，航天飞机这么庞大复杂的工程，别的地方都是精雕细琢的，唯有在填充这些泡沫材料的时候使用喷枪进行。这些喷枪喷涂的时候，无法保证泡沫之间不留缝隙，而这些缝隙中存在大量的氢。航天飞机进入大气层后，氢膨胀溢出，导致泡沫材料疏松剥落击中隔热瓦，从而导致摄氏1400度的高温气体摧毁机翼和机体。

　　应该说，航天飞机整体性能系统的很多技术指标是一流的，但一小块脱落的泡沫毁灭了价值连城的航天飞机，还有7位无法用价值衡量的生命。在这里，泡沫脱落是一件小事，但这件小事让人类付出血的代价。

　　大事就是由无数件小事构成的。想要真正达到完美，要关注的不仅有大事，更要有每一件小事。大事固然重要，但一件小事上出现的错误仍然可以摧毁整件大事，为人们带来不可估量的损失。

"差之毫厘，谬以千里。"工作执行不到位，哪怕是一件小事，也会带来惨重的后果，牵一发而动全身。执行中，任何一件小事都可能影响大局，或者说必然影响大局，只是有时候当时不会表现出来而已。

作为企业的一名员工，每个人的执行力水平都有可能给企业带来巨大的影响，可能是正面的，也可能是负面的。那些对待小事马马虎虎、不能执行到位的员工，必然会影响企业的发展壮大。那些能够把小事做到极致、拥有完美执行力的员工，则能帮助企业实现既定战略，实现团队和个人的共同发展。

其实，对我们个人来说，通过做小事，可以积累经验，磨炼自己的耐力和韧性，锻炼自己处理问题的能力，培养完美的执行力。如果我们能把小事做到极致，就为成就大事打好了坚实的基础。所以，即使是小事，也切记执行到位。

小事就如同一块块砖瓦、一颗颗螺丝钉，而大事就是由这些砖瓦组成的楼房、由这些螺丝钉组成的机器。一颗螺丝钉，一块砖，看似貌不惊人，一旦出现问题，整个楼房、整个机器都可能出现问题。我们力求做好每一件小事，力求让大楼的每块砖瓦、机器的每颗螺丝钉都是完美的，这样才能有真正完美的楼房、真正完美的机器。

Chapter 3
人际关系中的怠慢大意，
终会让你众叛亲离

小事，将决定你的人际关系。

其实，维持人际关系这件事情，说简单也简单，说困难又非常困难。如果非要用一个简单的原则来总结，那就是：在相处的细节上下些功夫，你怎样对待别人，别人就会怎样对你。

忽视社交潜规则，
再好的关系也夭折

　　小时候，交朋友是一件刺激、忐忑，最终却能够变成快乐的事情。但是随着人们年龄的不断成长，身边的人际关系变得越来越复杂，需要遵守、注意的东西随之变多。这些需要注意的东西，对方不会直接提出来，需要你自己去了解、去注意。一旦你没有做好，社交关系就会受到影响。

　　听起来好像很不公平，你需要遵守没人告诉你的规则，如果你没有遵守，别人就会开始责怪你。世界上哪有那么多的公平呢？与其想社交潜规则是不是一件好事，是不是一件正常的事情，不如学习社交潜规则，注意社交潜规则，让自己在社交活动中如鱼得水。当然，既然被称为潜规则，最重要的自然是不管在什么时候都能注意到，社交是有潜规则的。

　　社交潜规则，听起来好像是个不大的命题，但实际上包含很多的内容。其中，最重要的一条就是牢记社交潜规则是存在的。如果说哪一条可以和这一条相媲美，那就是要记住社交潜规则会不断变化。这听起来很矛盾，但是很现实。你上次遵守的社交潜规则，在下次未必有用，甚至还会起到反效果。你在这个环境中遵守的潜规则能够让你如鱼得水，但是换个环境，马上会让你寸步难行。

赵刚在国外留学，去的是一所名校，所以他特别珍惜这次机会。在大学期间，他努力融入当地文化，和同学打成一片，学习成绩也没有落下，很快就以优异的成绩毕业了。按照他的想法，以自己的能力和学历，找到一份心仪的工作完全不在话下，结果却事与愿违。

他向几个自己比较向往的公司投递了简历，却处处碰壁，每次收到的回答都是拒绝。这个现象让他非常疑惑。他不知道自己哪里出了问题，就连班级上成绩不如他的同学，也都顺利地找到工作。难道是因为种族歧视，还是其他自己不明白的社交潜规则？

就在他对着邮件发呆的时候，他的一位室友瞄到他的邮件，马上惊呼起来。在室友的解释之下，赵刚才明白，自己的邮箱本身就是个巨大的问题。

我国互联网兴起比较晚，当互联网普及的时候，即时社交软件已经很普及了。所以，人们虽然使用邮箱，但对邮箱并不怎么重视。而在国外，使用邮箱早就成为一种生活习惯，每个人都离不开邮箱，更是衍生出一套在发邮件时的社交潜规则。

赵刚犯了哪一条呢？他的邮箱名称有问题。赵刚的邮箱名称是他喜欢的游戏角色的名字和一个很有格调的单词组合起来的。如果是在国内，不会有任何问题，但是在国外，就很有问题了。任何一家公司的人力管理部门看见这种邮箱的时候，都会产生一种对方不认真、对这件事情不重视的想法，这是赵刚处处碰壁的原因。

赵刚马上重新注册邮箱，用自己的名字加上生日做邮箱的名称，重新向各公司发送了自己的简历，很快就收到几份要求他面试的邮件。

邮箱的名称重要吗？或许在我们看来一点儿都不重要。但是换了一个环境，邮箱的名称这么小小的一串字符就能决定你的前途和命运。

潜规则，也是一种规则。当你走进一个圈子，来到一个环境时，总会遇到。想要适应这个圈子，获得更好的社交关系，就必须遵守这些潜规则。很多时候，社交潜规则只是一些小事，但传达出来的意思可一点儿都不简单。如果你不能遵守社交潜规则，至少有两个负面信息被你传达给了其他人。

第一，不够尊重别人。既然叫潜规则，说明它已经是一种约定俗成的事情。你表现得特立独行，不仅不能证明你有什么优点，更说明你丝毫不尊重跟你同处一个圈子的人。这样的行为只能招致他人的反感，收获负面的人际关系。

很多人认为，在熟人面前就不必这样做了，就不必遵守所谓的潜规则，可以放松一点儿，自在一点儿。其实，恰恰相反，除非是已经结下深厚感情的人，否则在熟人面前，更要注意遵守社交潜规则。熟人见你的次数远比陌生人多，见过你和各种各样的人相处的样子。你在跟陌生人来往的时候，遵守社交潜规则，而在熟人面前不遵守，熟人会觉得自己被怠慢，而不是觉得你这样做是因为和他更熟悉，而选择了更加自在的做法。

第二，在这个圈子里，你是个新人。我们需要新的社交关系，往往是因为工作或者其他原因变更了自己的环境。如果你是在某个圈子里的老人，会愿意和一个什么都不懂的新手合作吗？显然我们都希望自己的合作伙伴、工作伙伴是一个老练的人，是一个富有经验的人，而新人并不合适。

而且，态度能够决定你的成长速度。当你开始遵守一个圈子的社交潜规则时，说明你会逐渐学会其他事情，脱离新手的身份，表现得越来越老练。那些不肯遵守社交潜规则、无法发现社交潜规则的人，他们的成长速度显然比不上能够快速发现且开始遵守社交潜规则的人。社交潜规则有时候更代表一个人的身份和地位，这是其他人如何对待你的标准之一。

遵守社交潜规则，是你融入一个圈子的最佳方式，也是最快的方法。如果你不肯遵守社交潜规则，则会让你的社交关系受到损害。即便是已经建立好的社交关系，也是因此而失去。也许只是一个倒酒的姿势，也许只是一句问候的话，也许只是短短几个字，也许只是某些事情安排的顺序，都有可能彻底改变你的社交状况和人际关系。不要觉得社交潜规则只是一件小事，任何涉及细节的东西，都不是小事。

即便不经意的冒犯，
也会使人难堪

　　没有人喜欢冒犯，如同没有人喜欢失败一样，即便再小，带来的也是最直接的负面情绪。有些人觉得，当自己和别人熟悉以后，就可以开一些无伤大雅的玩笑，促进彼此间的关系。这种想法没错，但尺度一定要把握好，一旦超过正常尺度，让对方觉得被冒犯了，这段人际关系的走向就显得不那么明朗了。

　　当然，会冒犯别人的不只是玩笑那么简单，有时候更多的冒犯来自不知道。虽然自古就有不知者不罪这句话，但被人冒犯了还是会难受的，不可能有更不可能要求所有人都做到不知者不罪。被冒犯者有多难受，和冒犯的人是否故意没有什么关系。即便是完全无心的，完全不经意的，也会让人特别难堪。有个民间故事就很好地说明了这一点。

　　古时候，有个穷书生冬天外出，结果天降大雪。因为地处荒郊，附近杳无人烟，只有一家客栈，书生只好躲了进去。没想到，附近外出的人都躲到客栈里来，一时间客栈人满为患。客栈老板没办法，只好定下一个规矩。想要在客栈躲雪的人，要为大家出一个谜语，谜底必须是客栈中有的东西。谁的谜语出得越好，猜到的人越少，谁就越有资格留在客栈。

客栈老板的这个办法显然让穷书生非常满意。如果说只有消费才有资格留下来，穷书生毫无疑问会被赶出去。但是谜语，读书人显然比其他人更加擅长。他信心满满地听着众人将自己知道的谜语一个个说出来，书生更加肯定自己有资格留在客栈里。

轮到穷书生的时候，他看着客栈中的八仙桌，马上就想到一个谜语。这个谜语不仅巧妙，而且是自己刚刚想到的，一定不会有太多的人猜到。他清清喉咙说："九个面，八张嘴，一个女子，十九条半腿。"书生的谜语果然巧妙，众人思索了半天，也没有人猜出来。客栈老板让书生说出谜底，以免他是随口胡说的。于是，书生开始解释自己的谜语。

书生说："我的谜底就是客栈里的这张八仙桌子。桌子有桌面，八仙各有一面，故而是九面。除了桌子外，八仙各有一张嘴，故而是八嘴。一个女子，不必多说，是何仙姑。十九条半腿，桌子有四条，八仙有十六条。"众人追问："那不是二十条腿，怎么说是十九条半呢？"书生得意扬扬地环顾众人后，慢悠悠地说："其中有个铁拐李，他是跛子，自然要减掉半条。"

听完书生的谜底，众人纷纷拍手叫好，只有客栈老板的脸色变得格外难看。只见客栈老板一瘸一拐地从柜台后面走了出来，对着穷书生说："滚！"原来，老板就是个跛子。不过，他一直站在柜台后面，众人才没有发现。书生的谜语虽然精妙，但他却是第一个被赶出去的，就是因为他在无意间冒犯了客栈的老板。

不经意的冒犯就可以原谅吗？固然没有这个道理。很多人觉得自己对他人的冒犯完全是无意的。其实，这种无意间的冒犯同样表现了你对某个人甚至某类人的不重视。这种冒犯不是一时心血来潮造成的，而是因为根深蒂固的想法。在刚才的例子中，如果书生本身就在意残疾人，从来不用残疾人进行调侃，势必不会想出这样的谜语。即便他先注意到老板是个残疾人，换了谜语，也不代表他就是个尊重残疾人的人。

我们在生活中要注意，虽然临时注意他人的状况，不冒犯别人不是一件困难的事情。但百密终有一疏，一旦出了疏漏，比之前假装带来的负面影响还要大。表面上假装好人，势必有其更加功利的目的。这种行为一旦被戳穿，比无心之失更加不能被接受。

那么，在生活中，我们又要如何避免冒犯别人呢？如何保证自己不会在不经意间说出一些不得体的话呢？这个问题看似困难，其实非常简单，只要不对任何人存在偏见即可。任何事情只对事不对人，即便说出某个人的问题，也不是针对某个人，只是针对客观事实。

很多话，特别是针对某个群体刻板印象的话，是万万不能说出口的，否则很容易惹人不快。例如，我曾不止一次地听到有人说："女人干什么事就是不行……"这就是典型的冒犯。当场有女性的话，对方马上就会觉得不舒服。即便现场没有女性，也难保有人觉得你的发言令人不快。这时候，你会给别人留下糟糕的刻板印象，如同你发言中对某个群体做的那样。

李婷考上了一所东北的大学，她一直对于这个距离自己家乡甚远、毁誉参半但很有特点的地方非常向往。到了以后，她果然没有失望，喜欢上了这个和自己家乡很不一样的地方。她还特意和自己的闺蜜约好，等到冬天的时候，就让她到东北来，一起欣赏东北的冬季风光，然后再一起回家过年。

李婷的闺蜜到了以后，出于和李婷的友好关系，李婷宿舍的同学纷纷热情接待了她，还一起请她吃了晚饭。李婷万万没有想到，闺蜜居然这么不会说话。晚饭的时候，她刚开始赞不绝口，说味道果然不错，但没多久，就开始说东北的饮食太油腻、不耐吃，也不精致，自己家乡的菜走的是精致路线，百吃不腻。

在第二天大家一起看雪景的时候，李婷兴奋得不行，闺蜜却说，雪是挺好看的，但整体来看，风景就不行了。整个天空灰蒙蒙的，地面上的雪是白的，看久了别提多单调了，不像自己的家乡，即便冬天也处处有绿色植物，这才是真的耐看。

在随后的几天里，李婷的闺蜜虽然没有将东北说得一无是处，却不停地炫耀自己的家乡有多好。到约好一起回家的时候，李婷委婉地表示自己还有点儿事情，可能要过几天才能回去。闺蜜说要等李婷几天，李婷拒绝了。从那天以后，李婷再也没有主动联系过那个闺蜜。

适度的炫耀有时候能够起到展示自己的作用，让人看见自己的优点。但一味炫耀绝对是令人厌恶的行为，特别是在一些仁者见仁、智者见智的事情上。很多事情没有定论，俗话说得好，萝卜青菜，各有所爱。当你不肯接受仁者见仁、智者见智这个观点，硬要说自己的喜欢的东西更好时，你就已经在冒犯别人了。或许你没有恶意，甚至根本没有察觉，但引发的后果是一样的。

人情往来中的小疏忽，
也会造成很深的疏远感

　　我们活在这个世界上，很难躲开人情世故这种事情。有些人觉得人情世故很麻烦，但人情世故有时候也能为我们带来很多好处。如果你能将人情世故这些事情做好，就能够让自己的社交变得更加有利，获得更加优质的人脉。大方向的人情往来，很多人知道如何去做，但有些时候，偏偏会在小细节上犯错误，导致自己原本想要结交的人和自己疏远。

　　李伟是个大咧咧的人，从小就是这样。结婚以后，他发现妻子的叔叔也是个大咧咧的人，于是两人成了忘年交。他们经常一起喝酒，一起出去唱歌，聊天儿也特别有共同语言。妻子生完孩子以后，想要找个工作，得知叔叔的人脉很广，李伟就找到叔叔，求叔叔帮忙。叔叔也不含糊，很快就为李伟的妻子在当地一个加油站找到一份工作。

细　节

　　李伟特别感激叔叔，逢年过节都会为叔叔送上一些礼物，虽然钱不多，但是很用心。叔叔对李伟也非常满意，两只乡下买来的土鸡，一袋大米，或者是家里做的菜肴，只要李伟尽心了，叔叔都很满意。

　　又过了一年，李伟的工作出了问题。因为之前已经求过叔叔帮忙，李伟拉不下脸来再求叔叔，只好自己去找。几个月的时间，他也没有找到合适的，李伟非常焦虑。很快又到中秋节了，李伟到当天才想起来应该去看望叔叔，带上一点儿礼物。他实在没有心情去买礼物了，看到家里有一箱核桃露，就带着去了叔叔家。

　　到了叔叔家，几杯酒下肚，叔叔看出李伟的心情不好，就询问李伟有什么不顺心的事情。李伟含含糊糊地对叔叔讲了自己找工作的事情，叔叔笑着拍了拍李伟的肩膀，对李伟说，这都是小事。正好叔叔有个朋友想要找个司机，李伟会开车，正合适。他就决定推荐李伟给朋友当司机。

　　李伟对叔叔千恩万谢，说了不少好话，随后才兴冲冲地离开叔叔家。接下来的一段时间，李伟都在等着叔叔的消息。等了一个月，叔叔也没有通知他工作的事情。李伟跟叔叔打了电话，叔叔在电话里不咸不淡地说，他的朋友已经找到司机了，李伟的事情他会再帮忙留意的。

　　即便李伟再大咧咧，也听出叔叔语气中的不高兴。他开始反思，问题究竟出在哪里。难道是因为只送了一箱核桃露，叔叔嫌少了？不应该啊，叔叔不是那种嫌贫爱富的人。那么，问题究竟出在哪？

　　几天以后，李伟的母亲找到李伟，问他家里的那箱核桃露去了哪里。李伟正在心烦，随口答应说，中秋节那天送给叔叔了。李伟的母亲大惊失色，告诉李伟，那箱核桃露是以前别人送来的，放在那都两年了，保质期都过了，她打算过几天就把那箱核桃露丢掉的。

李伟这才明白问题究竟出在哪里，东西的多少不是问题，但送一箱过期的核桃露，显然是没把事情放在心上，叔叔生气也是理所应当的。

人与人之间的关系非常奇妙。两个人拉近关系，可能仅仅是几句话、一个举动的事情。而两个人的关系从亲近到疏远，也可能是因为几句话，一个不经意的举动。正是因为这种社交关系非常巧妙，我们才要格外注意社交中的细节，注意人情往来中的细节。做好所有的细节，可能无功无过，但做错一个细节，可能就会前功尽弃。

我们进行人情往来的时候，往往是想要借助人情往来帮助我们促进人际关系。因此，没有人想要在这个过程中把事情办坏，都是想要办好事。可是有些时候，人们会犯下一些低级错误，把好事办成坏事。这种情况下，即便一片好心，也会让事情变得麻烦，让原本能拉近的关系变得疏远。

有两点是我们在人情往来中必须注意的。这两点一旦没有做好，细节势必会出问题，非常容易把好事办成坏事。

第一，我们做事的时候要量力而行。给别人帮忙，是人情往来中的重要部分。人活一世，谁能不求人，又能不被求？人情往来主要是为了互相帮助，用别人的长处弥补自己的短处。

当我们得到一个机会帮助别人试图与其拉近关系的时候，难免会有些急切，即便我们不擅长，也不想要错过。但是如果能力实在不足，万万不要应承下来。即便错失机会，也不能把事情办坏。

　　小陈有一个特别要好的学长，这位学长在大学的时候帮助了他很多。大学毕业以后，更是在业内小有名气，小陈有不少的地方要仰仗他。一次，这位学长要换一套新的顶灯。小陈自认还算手巧，听说学长已经买好了灯，打算找人安装的时候，自告奋勇上门帮学长安装。没多久，小陈就把灯装好了。实验的时候，灯也能亮。小陈以为大功告成，于是就满意地走了。

　　第二天，学长打来电话说灯不正常，很暗。小陈赶到以后，发现灯的亮度果然有问题。他拿了遥控器多方调试，也没有作用，只好告诉学长，自己也不知道怎么回事，可以找售后。

　　学长找了售后，售后表示业务较忙，要一个星期以后才轮到学长家。一个星期以后，售后人员到了学长家，一看小陈安装的灯，当场就大笑起来。原来，小陈把顶灯的灯罩装反了，所以灯的亮度才始终不正常。

　　学长没有因为这件事情怪罪小陈，只不过从那以后，小陈就给学长留下一个做事不可靠的印象。直到很久以后，这个坏印象才扭转过来。

　　第二，设身处地为对方着想。很多时候，我们在人情往来时为对方做的事情，都觉得是对方的需求，这样做是为对方好。但实际上，究竟是为对方好，还是仅仅觉得自己是在为对方好？这个事情，一定要设身处地站在对方的角度才能知道。

　　有个学生特别崇拜自己的历史老师。学校投票选人大代表，在进行投票的时候，即便老师早就告诉过他要把票投给校长，他还是选择

细 节

投给历史老师。最后，在唱票的时候，除了校长之外，只有历史老师有一票。不管是校长还是历史老师，那一刻的脸色都非常难看。

学生这样做，觉得是在为他喜欢的老师好，但实际上，他的行为把他喜欢的老师架在了火上烤。这样做，真的是为老师好吗？其实，仔细思考一下，就不会得出这样的答案了。当历史老师知道那一票是谁投给他的时候，自然再也不会给这个学生好脸色看。

人情世故看起来简单，其实很复杂。这种复杂，对应了人心。每个人都有自己的喜好，有自己的底线，有自己喜欢和不喜欢的东西。只有站在别人的角度，认真抓住细节，量力而行，才能在人情往来中让我们和对方的感情越来越近，而不是越来越疏远。

交情再好，
也别大大咧咧，跨越界限

　　人与人之间的交往总是带着不同的目的。有人可能觉得自己的社交行为没有多么复杂的想法，只是单纯地想要找些志同道合的朋友而已。实际上，找到志同道合的朋友，让自己更加愉悦，这同样是一种目的。为了实现不同的目的而结交不同的朋友，这本身是一件非常合理的事情，但偏偏有些人把握不住界限，导致交情变绝情。

　　每个人因为不同的经历，不同的生活状态，不同的教育程度与观念，导致喜欢的事情和讨厌的东西都不相同。在社交过程中，求同存异是最好的办法。很多人因为共同喜欢的事情结成社交圈子，因为讨厌的事情不同又离开社交圈子。你不可能强行要求每个人都接受你的观点，更不能一再用他人不能接受的事情开玩笑。

　　小陈由于工作的关系搬到新的城市，有了新的生活环境。对于害怕寂寞、喜欢热闹的小陈来说，开始的时候自然是很难熬的。但是，他很快就在小区附近找到一家健身房，还找到一群和他一样的乒乓球爱好者。大家每天都在一起打球，其乐融融。一次，大家在谈论打球以后一起吃点儿什么的时候，小陈表示，他知道附近有一家非常好的狗肉馆，味道好极了。

　　小陈是狗肉的忠实爱好者，他经常将"狗肉滚三滚，神仙站不稳"挂在嘴边。小陈在提出他的想法以后，他的一位球友小张提出不同的意见。小张表示，自己家里一直有养狗的习惯，狗对他来说是好朋友，是家庭中的一员。他不介意别人吃狗肉，但自己是绝对不会吃的。其他人看小张如此表态，也表示既然有人不吃狗肉，那就换一家馆子吧，这不算什么大事。

　　不仅选择馆子不是什么大事，整件事情也不算什么大事。但是，小陈却把这件事情放在心里。他本身就是个很调皮的人，又是个狗肉爱好者，更是不能理解把动物当成家人的人究竟是什么心态。他一直觉得小张不吃狗肉，是因为没有吃过，如果尝过一次，肯定会爱上的。

　　之后，大家也聚了几次餐。小陈没有提过狗肉馆子的事情，大家也逐渐淡忘了这回事。小陈决定趁着大家遗忘了这件事情，实行自己的计划。他去狗肉馆买了一锅狗肉，带到健身房，谎称是自家亲戚送来的鹿肉，请大家尝尝鲜。大家都很给小陈面子，都尝了一点儿，小张也不例外。就在小张吃完以后，小陈得意扬扬地告诉大家，这不是什么鹿肉，而是狗肉，还说小张虽然不吃狗肉，刚才不还是赞不绝口。小张听完小陈的话，马上捂住嘴巴，冲进厕所，吐了个昏天黑地。

从那以后，小张再也没有跟小陈说过一句话，其他人对小陈的态度也是不冷不热的。小陈觉得很委屈，不就是一块狗肉的事嘛，不至于这个样子吧。何况，对他不冷不热的几个人里，大多数也吃狗肉的啊。

这仅仅是一块狗肉的事情吗？生活中，很多关系就毁于这种乍一看是细枝末节的小事，毁于看起来不会有什么大影响的细节。看似只是一件小事，但其实这是一条界限，或者说是一条底线。当你在线内的时候，就还在社交圈子里。当你跨过这条线，就不在这个社交圈子里了。如果说这条线更大的象征意义是什么，它象征着尊重。当你在线内的时候，说明你是尊重他人的，而你越过这条线，说明你不是个尊重他人的人，其他想要被尊重的人就不再亲近你。

细节在社交中代表着什么？至少代表着尊重。你尊重别人，就不会越过别人设定好的界限，相信你在社交行为中也不喜欢别人突破你的界限。那么，如何控制界限，不让小事变成坏事呢？

提到界限，其重要程度都是相同的，不分大小。在社交行为中，很多人会抱怨对方小题大做。但这真的是小题大做吗？每个人的情况不一样，你觉得这是一件小事，又凭什么觉得对方也认为这是一件小事呢？

小朱认为好朋友小王是自己认识的脾气最好的人，喜欢开玩笑，任劳任怨，细心周到。不管大家和小王开怎样的玩笑，小王顶多笑骂几句，从来不会翻脸。一天，小朱、小王和几个朋友约好一起出去玩，小王先到一步，小朱则姗姗来迟。当小朱看见小王换了一双新鞋，笑着说："哟，换新鞋了，你这新鞋真是丑得别致。"小王的脸色马上不太好看，虽然脸上还带着笑，但笑得格外僵硬。小王辩解几句，小朱却仍然不依不饶，对这双鞋穷追猛打。最后，小王脸上的笑容完全消失，两人吵了起来，最后还动了手。事后，小朱才知道，小王唯一的爱好就是收集球鞋，他喜欢这些鞋就如同女朋友一样。开什么玩笑，小王都不会生气，就是不能贬低他的鞋。

　　小朱可能觉得鞋子不过是一件小事，但对小王来说，这是一种侮辱，不能忍受。有人可能觉得，小朱事先又不知道，这件事情也不能全怪小朱。事实真的是这样吗？绝对不是的。

　　想要避免超越对方的界限，学会察言观色是非常重要的。你不可能对每个人都非常了解，不可能事无巨细地侦察每个朋友。想要不越过对方的界限，就要学会看脸色。小朱和小王开玩笑的时候，小王的态度明显和平时不一样。甚至到后面，他已经表现出明显的不快。小朱看情况不对，不仅没有停止调侃，反而扬扬自得地"乘胜追击"，双方翻脸也在所难免。

　　避免越过对方的界限，招致对方的反感，最重要的是将心比心。每个人都有自己在乎的事情，不能一概而论。或许你觉得天大的事情，在别人眼里并不算什么事情。所以，当我们认为一件事情不过是一件小事，一个玩笑根本无伤大雅的时候，就想想这件事情是否越过对方的界限。当你发现自己不小心的玩笑越过对方的界限时，不要觉得道歉有损自己的面子，或者将对方生气的根源怪罪于对方小气，而是要从自己身上找原因。道歉永远是解决错误的最佳方式，为了面子跟对方争吵，死不认错，只会让关系越来越僵。

侵犯私人空间，
别怪他人与你翻脸

私人空间是什么？电影《狮子王》中，动物之间之所以引起纷争，就是因为小狮子辛巴好奇地闯入别人的势力范围。事实上，不管是动物还是人，都有强烈的"领域感"。简单来说，就是有一种不可接近的区域。它是人们肉眼看不到的，但却深深地烙在人们的心中。只要有人接近这块区域，人们就会感到不舒服，感觉受到侵犯，甚至没有安全感。我们一般将这种东西称为人们的私人空间。

由于人与人的性格不同，关系亲疏不同，所需空间的大小、程度强弱也有所不同。比如，有些人性格比较外向，不介意和别人身体接触，甚至会和刚认识的人拥抱、并肩。可是，有些人性格内向、敏感，非常介意身体接触，即便相距一米，也会感到不舒服。

北欧有诸多地广人稀的国家，在那里生活的人们，非常注意自己的私人空间。按照流行的说法，北欧国家人均自闭。他们注意自己的私人空间到什么地步呢？共同租住在一个房子里的人，当需要去公共空间，如上厕所、洗澡的时候，会刻意选择其他人在自己房间或者已经离开房子的时候。这不是某个人的问题，是一种潜规则，每个人都这样做，形成一种奇怪的秩序。

芬兰人在等公车的时候，会自觉与前面的人保持一米甚至两米的距离，每个人都是如此。所以，如果从高处看芬兰人等公车，会发现没有多长人的队伍，却排出好远。

不少北欧人表示，他们接电话的时候不会说话，因为是对方打来的，应该由对方先开口。这与礼貌无关，只是他们不想和人交流而已。甚至一个瑞典人分享了他的经历，在他接起一个推销电话以后，两个人都不肯开口，就这样听着彼此的呼吸。这种尴尬的状况持续了半个小时。

北欧人尊重自己的私人空间或许到了一个极致，这不值得我们在生活中去效仿。但是他们尊重他人私人空间的做法，值得我们学习。至少这样会让别人舒服，也是尊重别人的表现。

所以，我们在与别人交往的过程中，应该懂得与人保持距离，不侵犯别人的私人空间。这个私人空间不仅指可以丈量的距离，更重要的是心与心的距离。

1.身体空间

通常认为，根据交际环境，人们把身体空间分为4个不同的界限，并根据交际性质的不同、交际对象关系的亲疏远近，适当地调整。

第一种是亲密的距离。通常有身体上的亲密接触，只有在夫妻、情侣、极亲密的朋友或母子关系中才能主动产生。这种距离一般只有

0—45厘米，一旦突破这个距离，人们就会感觉被侵犯了隐私。

第二种是私人的距离。比如，我们和老朋友交谈，在同学聚会上和同学聊天儿，彼此关系亲密，但又不过分亲密。这个距离一般情况下是45—120厘米。如果你和某人是普通朋友，最好不要太亲密，以免引起别人的反感。

第三种是礼貌的距离。这是我们日常人际交往的距离，通常是1.2—3.6米。比如，我们在商店买东西，商店的营业员与我们之间保持的距离；我们与顾客谈判的时候，与客户隔着谈判桌的距离。

第四种是公共距离。公共演讲、教师讲课都采用这种距离，通常为3.6米以上。它主要适合一个人和一个群体进行沟通，是非常疏远的距离。

这种情况下，讲话者必须善于拉近听众的心理距离，带动其情绪发展，如此才能使自己的讲话产生很好的效果。比如，演讲者通常会环视整个会场，即便角落里的人都不放过，这样每个人都不会感到受冷落，会积极地参与到沟通和交流中来。

虽然说这种身体空间因人而异，有些性格外向、善于交际者的亲密距离和私人距离比较近一些，但是我们要把握好尺度，不要随意侵犯别人的身体空间。

2.私有化的空间

私有化的空间，简单来说，就是具有个人性质的领地，比如家、个人房间等。这样的空间私密性较强，带有明显的个人标签，属于个人空间，如果没有允许，就绝不能进入。

与客厅相比，卧室属于很私人的空间。如果我们到朋友家做客，不经过主人邀请或是同意，一般不能随便进入别人的卧室。而且，到别人家做客的时候，我们应注意观察主人的座位，不要随便坐在主人的位置上，尤其是长辈的位置。

办公室中，虽然来往的人比较多，是比较明显的公共空间，但是别人的办公桌、抽屉也是比较私密的私人空间。如果不经过别人的允许，不能随便坐在别人的办公桌前面，更不能随便翻动别人的电脑、抽屉。

3.私人物品

相对于前两者来说，私人物品最容易让人忽视，它也属于私人空间的一部分，未经允许，不能随便碰触。从小父母就教育我们不能随意拿别人的东西，不要抢别人的玩具，即使物品属于朋友、亲人，也不要随意碰触，但很多人还是会出现侵犯别人隐私的情况。

比如在公交车或是地铁上，很多人会看报、看手机，有的人就会歪着脑袋、伸长脖子看别人的报纸和手机。这种行为非常不礼貌。如果报纸内容正好映入眼帘，看一两眼倒也无妨，但刻意地盯着，或是以主人的姿态看，喧宾夺主，就太不应该了。

听过这样一个故事：一个人正在地铁上看报纸，当他要翻过来看另一面的时候，对面的男士竟要求他："等等，我还没有看完。"这样的事情是不是太可笑了！显然，这位男士并没有尊重别人，而是把别人的私人用品当成公众用品或是自己的了。

4.私人事件

众所周知，我们国家的隐私保护意识不是很强，但我们也要注意与人交往的尺度，不要在无意间侵犯别人。比如当我们到自动柜员机取钱的时候，有一米等候线，我们应该尊重别人，不要越过这条线。

还有在银行办理业务、邮局寄信、饭店登记入住、结账、办理登机手续时，大家应该自觉地等到前一个人办理完，工作人员招呼"下一个"时才能靠近，不要在别人办理业务时上前观望。

当然，人们越过这些不可接近的距离，即意味着侵犯了别人的隐私。如果一个人的隐私被侵犯了，他的内心就会感觉不舒服，就会做出积极的防御行为。

比如在电梯中，由于空间狭小，人们会尽量与别人保持最大距离。如果只有两个人在电梯，他们通常会靠墙站立；有四个人的时候，就会各占一角；如果人数比较多，他们通常会面朝电梯门站立，尽量避免和别人身体接触，或是把手臂放在胸前，或是用手提包、文件夹之类的物品挡在胸前。电梯拥挤的时候，更是如此，尤其是女性。如果实在不能避免身体接触，则仅限于肩膀和上臂，眼神也是避免交流的。

很多时候，人们会有意地守卫自己的私人空间。比如在公园中，不想和别人坐同一个长椅，就会坐在长椅中间，或是在旁边放上自己的物品。

总之，日常生活中，我们需要与人保持适当的距离。这不仅包括与交际者的身体距离，还包括与交际者密切相关的空间、物品和事件。只有做到尊重个人的空间，保持合适的距离，才能尊重别人，并受到别人的尊重。

赞美不细致，
等于没这事

　　职场上的竞争非常残酷，有些时候，竞争并不直接，手段并不光彩，残酷程度不亚于战场。好人缘儿是非常重要的，有了同事的帮助，往往能让你事半功倍。在残酷的职场竞争中，很多人的眼睛都在盯着别人的缺点，试图能找到给人致命一击的机会。别人的优点呢？往往会被忽略。如果我们能够多看到别人的好处，多称赞你的同事、你的朋友，岂不是能够收获更好的人缘儿、更良好的人际关系？

　　人与人之间的相处没有什么捷径，最重要的是心与心之间的靠近。每个人都渴望自己的价值得到认可，获得别人的关注。尤其是在我们付出辛勤和复杂的劳动之后，更是期待得到别人的点赞。这也是为什么指责和抱怨无助于沟通和事情的解决的根源所在。

　　所以，要想获得别人助力，让工作进展顺利，我们就得学会为别人点赞。所谓点赞，说白了是一种心理认同，包括肯定、欣赏、赞许、表扬等。

但赞美不能是随意的，不能不经过大脑。我们赞美他人的时候，一定要仔细。有句话叫拍马屁拍到马腿上，形容的就是赞美不细致的情况。只有细致的赞美，才是有用的赞美。

兰惠是一位化妆品公司的女老板，如果就表面来看，她貌不惊人，才不出众。可是，就是这样一位相貌一般、能力平平的女人，却有着异乎寻常的吸引力，许多人都喜欢和她在一起聊天儿。更神奇的是，这个行业里最优秀的顶尖人才都聚集在她的麾下，任凭别的公司高薪挖墙脚都挖不走。

许多人对此不解，就问兰惠有何管理人才的秘诀。兰惠淡然一笑，回答道："其实，我根本没有什么秘诀，如果非要说有，就是我愿意真心诚意地赞美我的员工。"

"听听我的故事吧。"兰惠继续说道："刚毕业找工作时，我到一家化妆品公司应聘导购。经过三轮应试，只剩下包括我在内的5人进入最后决赛，当时每个人的发挥都很出色，最后我应聘成功了。知道为什么吗？当竞争对手演讲至精彩之处时，我总是情不自禁地为其鼓掌，低声说一句'说得真好''她的表现真棒'。这一无意间的举动被主考官看到，她毫不犹豫地留下了我。"

其实，从那个时候开始，她就隐约有种想法，经常赞美别人会为她带来意想不到的好处，会赞美别人也是一种能力。毕竟，如果不是因为她赞美别人的举动，也不可能被留下。

赞美他人所带来的好处，让兰惠始料不及。在以后的工作中，她更是秉承这种作风，即使已经身为经理。

细　节

当下属通过自己的不懈努力取得好的成绩时，兰惠总是能够第一个为她们送上自己的赞美，绝对没有嫉妒，没有嘲笑，完全发自内心，真诚，毫无造作与虚伪。并且，她总是能够从最细致的角度赞美她的下属。因为只有细致的赞美，才能把话说到点子上，将赞美落到他人最想要被人赞美的地方。

难怪员工乐意在她手下工作，在各自的工作岗位上奋发进取，不断取得更好的成绩。

为什么职场中你的人缘儿不好？不要总借口说是别人的错，是别人态度冷漠，或求全责备等，你应该思考一下，平时你对别人的态度是否热情，是否给过对方赞美或鼓励等行为。

不要说别人没有可以赞美的地方，要知道每个人身上都有闪光点。比如，对于经商的人，可以称赞他头脑灵活，生财有道；对于知识分子，可以称赞他知识渊博，宁静淡泊；对于年长者，可以称赞他成熟稳重，富有阅历；对于年轻人，可以称赞他神采飞扬，活力四射，赞美他前途无量……

当然，这种赞美是最常见的。如果能够将赞美落到实处，那就更好了，特别是针对他人特点的赞美。这种细致的赞美，更加能够打动人心，让人对你产生好的观感。

同事是每天和你在一起时间最长的人，你们之间因为有太多的合作，更需要彼此的理解与支持。用欣赏的眼光看待同事，当别人晋升时表示祝贺，当别人取得成绩时送去祝福，不仅会让同事感到你对他的重视，无形中增加对你的好感，而且有利于增强团结，对你的职场发展大有好处。

赞美这件事很简单，人人都会做，但未必做得最好。点赞难就难在如何在别人眼中看起来不那么虚伪、敷衍。这些都是稍加注意就能解决的问题。在这里，我要特别强调几点，做到这些，你才是点赞高手。

赞美要恰到好处，不要太露骨、太夸张，否则会给人虚假和牵强的感觉；

赞美时不要拉上具体的人做对比，说出"你比XX强太多了"这样的话，不然那个××听到，一定对你怀恨在心；

赞美的话语不要太空泛，要有具体实例，才能让被赞美的人信服，产生飘飘然之感；

赞美他人切忌胡乱比喻、言不及义、信口胡说，想拍马屁却拍到马蹄子上。与其这样，还不如老老实实地说几句没有文采的正常话。

……

细致地赞美他人，最重要就是深入了解他人，不要人云亦云。

约翰是一个很好客的人。有一次，他邀请我们几个关系不错的同事到家里吃烤肉。这是一个小型的家庭聚会。约翰已经在自家的院子摆好一排排烤肉架。这次聚会既是为了庆祝约翰工作升职，也是为了与朋友联系感情，约翰不但请来自己的朋友，也请来了太太的朋友，场面很热闹。

开心的一天结束后，我们几个同事主动留下来帮他们夫妻俩收拾院子，耳边传来约翰太太的话："你听到我的朋友都说什么了吗？她们都夸你能干，夸你这么年轻就买了这么漂亮的房子，你不知道她们有多羡慕我。"

"我听到了。"约翰笑着说。

"你对我的哪个朋友印象最深刻？"约翰太太问。

"珍妮。"

"咦？"约翰太太有些意外，"可是你没有和她说上一句话，而且珍妮也不是丹、罗斯那样的美女，你为什么会记得她呢？"

"因为当别人都在赞美你的老公有多么能干的时候，只有她说：'海伦，我真羡慕你，你有一个多么好的老公，他这样精心地为你庆祝，又如此考虑你的朋友，他是真的爱你。'"

这个细节，我至今记忆犹新。那位我只打过招呼甚至不记得长相的珍妮女士，给我上了重要的一课。

赞美别人时，想要做到细致，就必须从别人微小的长处出发。越翔实具体，说明你对对方越了解，对他的长处越看重，更能让对方感到你的真挚、可信。特别是在一些小事上你留意了，比一天夸对方几十遍还让他开心。

例如，"汤姆，你今天的穿戴非常得体，你的领带跟黑色西服很相配"，要比"汤姆，你今天穿得很帅"更能说到汤姆的心里去；而"塔莎，你每次和人们说话时，都能照顾到对方的情绪，让他们觉得自己很重要"就比"塔莎，你很会与人相处"更有力量，与你交谈的人最享受这一刻。

赞美是一种能够快速拉近人与人关系的方法，只要赞美得体，别太夸张，势必能够产生我们想要的效果。而在赞美中，最好的技巧就是细心，让赞美落到实处，将赞美细致化。细致的赞美，比普通的赞美产生的效果要好，更深入人心，让人满意。

Chapter 4
如果你说话不知道谨慎，早晚会惹祸上身

老话讲"祸从口出"，说话不带脑子，哪怕一句错话，也可能给自己带来无妄之灾。

对于个人发展而言，一个人的语言水平，将决定他生命、生活的质量。生活中，许多人受人排斥，一败涂地，不是败在自己的能力上，而是败在口不择言上。

说话要走心，
体贴别人的玻璃心

　　人与人之间进行交流的时候，每个人都有不同的技巧。有些人喜欢不停地称赞别人，称赞别人的一切。有些人则更加在意自己的感受，和别人交流只是为了让自己更加舒服。还有些人使用的技巧是真诚，这在绝大多数时候不会被人反感。不管是哪一种，都有其利弊，有好处也有坏处。即便只考虑自己的感受，有些时候也能够起到展示自己的效果。那么，进行交流的时候，最需要注意的是什么呢？

　　走心，是近几年流行起来的词。什么是走心呢？它不代表完全的诚实，也不代表一味的吹捧，代表的是在交流中花费更多的心思，用心思考，不能让对话按照固定套路进行，更不能不思考，全靠惯性和敷衍完成社交的应酬。认真思考，认真说你想的每一句话，才能保证不会在你不小心的时候伤害到别人。

人心是容易受伤的吗？当然。这个世界上，最为敏感、最变幻莫测的就是人心了。我们可能因为一句话感动得落泪，也有可能因为一句话伤心地落泪。正是因为人心变幻莫测，它格外容易受伤，所以我们才要走心，体贴别人的玻璃心。

吴楠是一家橱柜公司的销售人员，他自认不能像其他人那样说得天花乱坠，觉得真诚才是最重要的。只要自己保持一颗真诚的心，为客户提供最好的商品与最合适的建议，自己一定能够在事业上有所成就。他的真诚虽然帮助他谈成不少订单，但有时却成为他谈下订单的阻力。

一天，他应邀来到一位客户的家中，帮这位客户看看家中究竟适合怎样的橱柜。客户有强烈的购买欲，只是在几种不同的款式中纠结。对于客户所选择的一款，吴楠是不推荐的。他非常直接地对客户说："以您的厨房形状看，您所选择的橱柜是不合适的。"客户疑惑不解地说："我看上的这一款好像跟你推荐的那款没什么区别吧。"吴楠犹豫了一下，还是对客户说："我推荐的这一款要窄一些，以尊夫人的身材来看，如果您执意选择您喜欢的那款，在厨房转身将会很不方便……"

吴楠的确是好心，但客户却有些玻璃心。虽然当时客户告诉吴楠要再考虑一下，第二天吴楠再把电话打过去的时候，客户却告诉吴楠，已经在另外一家买好橱柜了。

吴楠没有说假话，他很真诚，也没有因为想要拿下订单就违背自己的职业道德。伤了客户的心，是他没有拿到订单的唯一原因。

说话要走心，这不是小事。有时候，一句话能成事，一句话也

细 节

能坏事，成败都在一句话上。特别是许下的承诺，你可能只是随口一说，但说者无意，听者有心，如果你疏忽了曾经说过这句话，伤了人心，就会为你带来大麻烦。

五代十国时期，后赵皇帝石虎年事已高，他有十几个儿子，石遵是最出色的一个。石虎在位的时候，先后立了几个太子，但都因为胡作非为而被处死。石虎最终将目光放在两个比较出色的儿子石斌和石遵身上，但由于奸臣张豺进谗言，最后选择立最小的儿子石世做太子。

第二年，石虎就病危了，临死之前封石遵为大将军，前去镇守边关，并且告诉石斌与张豺，如果自己去世了，就由他们两个辅佐石世。石遵得知父亲病危，于是前往都城看望父亲。结果，张豺和石世的母亲害怕石遵夺权，找了个借口，派遣禁军赶走石遵。石遵心中非常悲愤，泪奔而去。

没多久，石虎就病逝了。新皇帝石世只有11岁，朝政完全由母亲刘氏和张豺两人把持。石遵得知父亲病逝，就调遣边军准备夺取皇位。张豺和刘氏慌了手脚，马上封石遵和石鉴两兄弟做左右丞相，以稳定他们的心思。石遵不为所动，等到手下将领平叛归来以后，马上就发动了政变。

石遵的行为不仅得到军中将领的支持，朝中大臣也对奸臣和太后把持朝政颇为不满，里应外合之下，取得不小的胜利。其中，军功最高的要数将军冉闵。冉闵是石虎的养孙，从小就有一身好武艺，是石遵手下的第一悍将。进行到最后的大决战之前，石遵由于没有儿子，又想要让冉闵更加卖力，就加冕他说，如果有一天，我当了皇帝，就立你为太子。

冉闵听到这句话，再攻打国都的时候比往常更加卖力，带领将士浴血奋战，取得了最终胜利。冉闵一心盼着，当了皇帝的石遵能够遵守诺言，册封自己为太子。没想到，成为太子的却不是他，而是石斌的儿子。

冉闵懂得亲疏有别，自己虽是石虎的养孙，但毕竟不是真正的石家人。于是，他开始退而求其次，希望自己能够用战功换到足够的权力。飞鸟尽，良弓藏，狡兔死，走狗烹。战功赫赫的冉闵到了这个时候，不再是石遵亲近的将领，反而成了他的眼中钉。石遵最后只让冉闵保留部分军权，至于朝政大权，丝毫不让他染指。石遵不仅针对冉闵，就连与冉闵亲近的将领，也是处处打压，这让冉闵非常不满。

君臣二人间的矛盾迅速激化，朝中不少大臣觉得冉闵可能造反，破坏眼前的大好局面。于是，经常有人劝说石遵，暗中除掉冉闵，而石遵也动了心。当年十一月，石遵召集石家子弟，商量如何除掉冉闵。石鉴与冉闵的关系一直不错，当他得知石遵要杀冉闵的时候，第一时间想到的就是通知冉闵，让冉闵远走高飞。石鉴没有想到的是，冉闵对于石遵的怨恨远远超过对皇权的畏惧。

冉闵从石鉴处得到消息以后，脑海中马上就回想起自己浴血奋战时石遵许下的承诺。于是，他派自己的心腹袭击了毫无防备的石遵，自己亲自领着大军攻入都城，处死了石遵。

石遵当皇帝的时间只有短短的183天。严格来讲，石遵不算是昏君，也不是暴君。导致他成为短命皇帝的原因，就是他说话不走心。

细　节

你所不在意的一句话，可能会让听见这句话的人努力很久。当你忘记曾经说过这句话的时候，别人长久的努力也就白费了。这种悲伤与愤怒，最终都会反馈到你的身上。

艾建峰新开了一家传媒公司，由于公司刚刚起步，薪酬并不高，员工的士气不高。一次，艾建峰在开会的时候说了一句，要是咱们公司年底的时候能够达到目标，年终奖给你们发双倍也行。因为这句话，所有的员工士气高昂，拼命努力，最终真的达成了目标。

就在所有员工盼着年终奖的时候，艾总却完全忘记了这回事。马上就要年底了，艾总给大家开了个小会。会议上没什么事情，就是大家聊聊天儿。桌上摆满零食和饮料，气氛不错。会上，艾总告诉大家，由于公司达成目标，自己换了一辆新车，为了和大家同喜，才开了这个小会。至于双倍年终奖，艾总提都没提一句。等到春节假期开始以后，艾总的邮箱里收到二十几封辞职信。公司除了前台和会计，几乎所有人都辞职了。

说话要走心，再小的话，也不能随便说。有时候，一句话能够起到的作用，可能是非常巨大的。这就是细节的威力。

倾谈要小心，
不可全抛一片心

　　谈话是人们获得信息最简单、成本最低、最有效的方式。每个人都有倾诉的欲望，在不顺利的时候，在遭遇人生低谷的时候，在开心的时候，在得意的时候，总是觉得要将自己的事情告诉别人，心里会舒服一些。倾诉的欲望，加上别有用心想要搜集信息的人，放在一起会得出一个怎样的结果呢？显然是一次信息泄露。至于你泄露的信息有怎样的价值，不是你决定的，而是搜集信息的人决定的。

　　小琳是某家公司的总经理助理，平时做的事情无非就是接下电话，打印文件，帮经理订机票、酒店什么的。她怎么都没有想到，有一天会因为泄露公司的商业机密而被起诉，更没想到自己会因此赔上工作几年存下的所有积蓄。

　　这一天，小琳和几个朋友约好晚上一起吃饭再去唱KTV。不巧的是，前几天非常清闲的她突然忙碌起来。一下午，好多电话打进来，还复印了许多文件。一直到下班，总经理也没有半点儿放她走的意思。

小琳自知无法按时赴约，只好在微信群里通知其他朋友，说自己可能要晚一点儿下班，不能准时到了。朋友好奇地问小琳，到底是什么事要忙才晚下班呢，前几天不是还挺清闲的，怎么突然就加班了。小琳气鼓鼓地说，今天也不知道怎么了，格外忙。就这会儿，总经理还让她复印文件。同样的文件不知道复印了多少份，真不知道要干什么用。

朋友听小琳这么说，更有兴趣了，追问道："是什么文件，要复印那么多，又不是宣传单。"小琳看了一眼怀里的文件，发了下班之前最后的一条微信："是个什么《股票增值倡议书》。"

小琳万万没有想到，这条消息发出以后，微信群里几个有心人马上察觉到了机会。他们第二天立即就购入小琳公司的股票。第二天中午，小琳的公司才对外披露了这份《增值倡议书》。

微信群里那几个注意到这件事情的朋友，利用小琳的泄密在短短几天就赚到几十万，并且还发了朋友圈炫耀，结果引来证监局的注意。小琳因为泄露商业机密被罚款，那几个朋友也被没收了违法所得，还被罚了与非法所得同等的钱。

谈话时要小心，不管是和多好的朋友，也不能什么事情都说。这不仅是对自己的一种保护，更是遵守职业道德的表现。和不同的人要说不同的话，在不同的场合也要说不同的话。如果私人谈话中带出工作方面的内容，难免会遭遇一些你不希望看到的事情。

和朋友在一起的时候，可以谈谈自己私人的事情，说说大家感兴趣的事情，甚至可以说说工作的事情，但细节一定要隐去。有时候都不需要一句话，只需要一个关键词，对方就能抓到具体细节，坏了你的好事。

说话注意场合，这一点非常重要。公共场所说话一定要小心，即便是和自己最亲近的人说话，也难保不会被其他人听见。有些场所看似私密，但归根究底仍是公共场所，如公共厕所。

某大型公司年底审计非常严格，不同地区的分公司都要派出审计人员前往其他地区的分公司进行审计。该地区的审计人员是个新人，为了证明自己的能力，格外卖力，却没从对方的账目中找到任何问题。

审计人员心情非常不悦，晚上一个人找了一家饭店喝闷酒，结果发现当地分公司的人在饭店开庆功会。审计人员没有上去打招呼，担心受到对方的嘲弄。几杯酒下去，这位审计人员走进饭店的厕所，找了个隔间开始方便。几分钟以后，他听见又有两个人走进来，一边方便一边说："今年来审计的人太傻了，没问题的账目查了个天翻地覆，有问题的账目看都不看一眼。"另一个人说："我之前不就说了，没问题的要做点儿出来，有问题的才要做得天衣无缝。这样他们的时间就都放在没问题的账目上了，让他们去查吧，反正还有两天就结束了。"说完，两人就走出厕所。

这位年轻的审计人员茅塞顿开，第二天就找到当地分公司做的一大笔假账。

话谁都会说，但要把话说得天衣无缝、滴水不漏，可就不是一件容易的事情。说话的时候，要注意细节，在什么地方面对什么人，该说些什么，不该说什么，这都是要格外注意的事情。如果你不注意细节，难免祸从口出，说出不该说的话。

别让不良口头禅
把你的形象毁完

你有口头禅吗？绝大多数人有自己的口头禅，而看似简单的口头禅是有着非常巨大的影响的。人的口头禅的形成非常复杂，不同的环境，不同的个性，不同的生活方式，导致人们的口头禅也各不相同。不同的口头禅给人的感觉不一样，有些口头禅会让人觉得有趣，有些口头禅则会让人讨厌。特别是有些口头禅，会彻底毁灭你的个人形象。

孙源是一家培训机构的教师，他负责培训初中生的英语。虽然每天要应付叛逆期的孩子，忙得焦头烂额的，但他还是非常有耐心的。因为担心孩子听不懂，又不好意思问，所以每次讲完以后，他都会尽量温和地问那些孩子："你听懂了吗？"久而久之，"你听懂了吗"，就成为他在陈述事情之后的口头禅。

培训机构的收入虽然不错，但工作强度大，令人难以承受。

一段时间以后，他找到一个机会，换了一份工作，成为一家公司的数据分析人员。由于有讲课的经历，所以他是小组内表达能力最好的，每次向领导汇报的时候，都是孙源去对接。结果，孙源每次汇报完工作以后，都会对领导加上一句："你听懂了吗？"

这个习惯让领导非常不舒服。每次孙源对他说"你听懂了吗"的时候，领导总觉得自己的智商被孙源嘲笑了。但是孙源温柔的态度，又让领导觉得他不是故意的，所以也没有发作。

几个月以后，公司要派负责人和数据分析人员前往总部参加一个会议。在会议上，每个分公司的数据分析人员都要向其他公司的负责人介绍分公司的情况以及下个阶段的计划。轮到孙源的时候，他一如既往地发挥自己的特长，将事情讲得鞭辟入里、环环相扣、条理清晰，可以说是所有上来讲述的数据分析人员中最好的。但是在他讲完以后，令人尴尬的事情出现了。他不仅习惯性地说出他的口头禅"你听懂了吗"，甚至还挨个儿询问场下其他分公司的负责人"你听懂了吗"……

那次例会以后，几乎所有分公司的负责人都向孙源的领导发起投诉，要求他处罚孙源。孙源的领导也觉得孙源这次做得有些过火，影响很坏。于是，他告诉孙源要控制他的口头禅，并且扣掉了他当月的奖金。

"你听懂了吗？"这句口头禅算是不良口头禅吗？显然不算，这只是一句普通的口头禅。但放在不同的环境中，会有不同的意思，让人产生不同的理解。对于年纪较轻的学生来说，这句话没有什么问题。但当你用这句话问比你身份、地位更高的人时，就会出大问题，让人产生坏印象。一句普通的口头禅能产生如此糟糕的影响，那不好的口头禅呢？显然影响更坏。

小美是个好女孩，性格有些大咧咧，但为人热情大方。不管男孩女孩，她总是能够和对方打成一片。她的朋友很多，每天都过得特别快乐。她有一句口头禅："干屁啊？"这是她学生时代留下来的。她说这句话没有什么恶意，一开始是觉得有趣，后面就成为习惯。没有想到的是，随着她的年纪越来越大，这句口头禅居然为她带来许多麻烦。

小美大学毕业以后，找到人生中的第一份工作，在某公司做前台。由于她长相甜美，热情大方，又会说话，公司上下都对她非常满意。整个公司的人都很喜欢她，这也让她的工作变得非常轻松。不管是在工作闲暇时间玩手机还是吃零食，所有人都对她睁一眼、闭一眼。一天下午，她正因为没什么事情做而有些昏昏欲睡，突然有人问她说："请问你们张总的办公室在几楼？"她下意识地说出自己的口头禅："你找他干屁啊？"随后，她马上清醒过来，说："请问先生，您有预约吗？"

即便如此，对方还是面露不悦。在与张经理的谈话中，对方还特意提到这件事情，说："你们公司的那个前台挺有意思，我问她你的办公室在哪，她问我找你干屁啊。"张经理因为这件事情扭转了对小美的印象，很快就把小美从前台变成客服。张经理给出的意见是，前台人员的个人素质一定要把握好，否则在接待客户的时候言语粗俗，会让客户对我们公司产生很坏的印象。从轻松的前台变成忙碌的客服，小美的工作状况马上发生天翻地覆的变化，每天忙碌不堪，口干舌燥。她真的很后悔自己留下的这个口头禅了。

随着年纪越来越大，婚姻大事成为她发愁的事情。虽然身边的朋友不少，但大家都太熟悉了，也没有她特别心仪的对象。后来，在一个朋友的介绍下，她遇见一个特别心仪的男生。对方似乎对小美的印象也不错，两人很快就熟络起来，还经常一起出去玩，关系进展得很快。小美为了能在对方心目中留下一个不错的印象，虽没有假装自己的个性，但一直注意自己的言谈。

一次，小美终于得到和那个男生单独出去的机会。两人一起吃了午餐，看了电影，又去吃了晚餐。吃晚餐的时候，男生去点餐，小美则回忆起刚刚看过的电影，一直沉浸在电影的情节中。一会儿，男生走过来拍拍小美的肩膀，小美回过头来，条件反射般地说了一句："干屁啊？"看着对方脸上露出诧异的神情，小美才改口说："干什么？"原来，男生只是想要和她说，有一道菜的材料没有了，可能要换成另外一道菜。

从那天以后，男生没有再单独和小美见面。即便大家一起出去玩的时候，他也不像之前表现得那样热情。小美托朋友询问了一下原因，男生的意思是，小美的那句话着实吓到了他。倒不是说他觉得这件事情有多严重，只是觉得他可能并不像他想的那样了解小美，而小美也可能和她目前表现出来的不那么一样。这件事情以后，小美就彻底地改掉了自己的口头禅。

你的形象由全方面的你决定。你的衣着、打扮、身材、言谈、举止，都是他人对你的印象的重要组成部分。口头禅看似是你每天说的无数话语中微不足道的部分，虽占比不大，但出现率却很高。

因此，它非常容易改变一个人对你的印象。

在某些特别的场合中，口头禅所能带来的影响也是不同的。或许粗鲁一点儿的口头禅在私人场合能够快速拉近人与人之间的距离，却难登大雅之堂。一句粗鲁、不良的口头禅，会让在场的所有人对你产生坏印象。

想要改善这个语言的细节，没有太好的方式，只有想办法不要让自己有任何让人误会的口头禅。当然，如果没有口头禅，就更好了。

说话要小心，
否则就要当心

　　人的一生中能遭遇的变故数不胜数，很多东西能让人快速成长，但这些事情并不都是好事。要说相对平淡的时期，现代社会的绝大多数人都会经历，即从学校走上社会的过程。学校与社会可以说是两个截然不同的环境。你在学校时学会的为人处世的方法，到了社会可能完全靠不住。你的很多习惯要改掉，你的说话方式要注意，毕竟你面对的人不一样了。

　　大学是这样一个地方。同学之间朝夕相处，都是哥们儿姐们儿，说话时可以毫不顾忌地开玩笑，人家也不会生气；上课很自由，你看着哪个教师不顺眼，不去上他的课就是了。因此，很多刚刚步入职场的年轻人被大学"惯"出了口无遮拦的坏毛病。如果把这种坏毛病带到职场，后果就相当严重了。如果你说话不够小心，就要当心了，可能会遇到糟糕的事情。

细　节

当然，不少老板和上司还是挺随和的，没事喜欢跟属下开开玩笑、聊聊天儿，以此拉近和下属之间的距离。但作为下属，千万不要真的认为老板对你随和，你就可以跟他无话不说。要知道，像《包青天》里包公和展昭这种上下级关系，只存在于小说和影视剧中罢了。

伴君如伴虎，这句话千百年来没有变过，放到今天仍然适用。老板是给你发工资的人，永远要记得这一点。当你觉得可以和老板开些玩笑，更加亲密的时候，仔细想想，如果不小心得罪老板，你会有怎样的后果。老板可以和你开一些过分的玩笑，因为你不能拿他怎么样。而你和老板开过分的玩笑，可能就会丢掉饭碗。所以，你和老板说话的时候，一定要小心，一定要注意，一定要谨慎，千万不要因为一句话而丢掉自己的饭碗。

吴小姐从小就聪明活泼，是个可爱的女孩，大家都叫她"开心果"。后来毕业了，她到了一家不错的房地产公司工作。吴小姐的老板对待下属很亲切，平时常跟吴小姐和同事们在一起吃饭、聊天儿、说笑。

可是最近吴小姐感到老板对她越来越疏远，还时不时找理由批评自己一顿。吴小姐感到很困惑，不知道自己到底做错了什么，于是向在这家公司效力多年的老员工请教。

老员工问她："既然你没有做错什么事情，是不是祸从口出了？"吴小姐一愣，心想她平时除了爱开玩笑，也没什么其他毛病，难道是她向老板开玩笑引起的？于是，吴小姐想到了最近的几个玩笑。

那天，老板穿了身新衣服去上班，同事都说好看、气派，只有吴小姐夸张地喊着："哎呀头儿，穿新衣服了？"上司听了咧嘴一笑。接着，她捂着嘴笑了："看起来还不错，可这是去年流行的款式，你已经OUT啦，哈哈！"听到这话，老板虽然没说什么，但脸色却不怎么好看。

还有上个礼拜，公司成功地跟一个大客户签约。当老板签完字以后，对方连连称赞老板的字好，说："您的签名可真气派！"

就在这时，吴小姐走进办公室，恰好听到客户的称赞，结果她坏笑着说："能不气派吗？我们头儿可暗地里练了3个月呢，而且这是他写得最多的字啊！"当时老板和客户的表情都很尴尬。

现在仔细一想，好像问题都出在这里，吴小姐满心后悔，都是口无遮拦的坏习惯害了她！

开玩笑的确可以拉近人与人之间的距离，调节气氛，但开开同事的玩笑也就罢了，冒险去开老板的玩笑，那就是在玩火，尤其是那种带有人身攻击成分的黑色玩笑。

同事朋友之间开个黑色玩笑，或许大家笑一场就过去了。但如果像吴小姐一样，把黑色玩笑的矛头指向自己的老板，最后遭殃的可就是你自己了。

可能吴小姐本身并没有什么恶意，但有些话说出来就是有点儿不太好听，即便这些话是实话。人们经常宣扬说实话的好处，宣扬诚实是一种伟大的美德。但实际上，这种美德往往是讲给别人听的。每个人都有自己内心的阴暗面，这是人性的本能，有时候用虚伪来表示，有时候用诚实来表示。

当你诚实地说出那些不中听的话，开了一个让人感觉不是很愉快的玩笑时，最终难免要自食其果。

常言道："人在河边走，哪能不湿鞋。"你每天都要面对领导，每天都可能说一些和领导有关的话，你说的话是不是都能让领导满意，就没人能够知道了。特别是你在和别人谈论领导的时候，难免会说出一些不好听的话。或许只是单纯地发发牢骚，或许没有恶意，但是落到领导的耳朵里，却不是那么好。

即便我们在语言上冒犯了领导，说了错话，也不要紧，还是有补救措施的。毕竟，语言的艺术博大精深，及时醒悟总比出事时才后悔要好。

有一次，张小姐在和同事聊天儿时，开玩笑地说老板"像个机器人"，不巧的是正好被路过的"当事人"听个正着。听到这话，老板转身就走，张小姐顿感大祸临头。无奈之下，张小姐给上司写了一张条子，约上司抽空谈一谈。

说实话，张小姐认为自己已经没有机会留在公司了，这是在做被炒鱿鱼之前最后的努力。且不说自己最后能否留下，至少要把事情解释清楚，自己并没有恶意。令她意想不到的是，老板看起来也没有想象中的那么生气，欣然同意了张小姐的请求。

"请您原谅，我用的那个词绝无恶意，而且一说出口就后悔了。"张小姐向老板尴尬地解释道，"我之所以用'机器人'这个字眼，只不过是想开个玩笑，其实是用来形容您对工作的认真和一丝不苟的。因此，这三个字不过是描述我这种感情的一种简短方式。请您谅解！以后，我一定会对自己的言行多加注意的。"

老板笑了，说："好了好了，不用再解释了，我知道你不是有意的，也没怎么生气，再说，我不是那种没有度量的人，以后注意就是了！去吧，好好工作，不要再多心了。"

听到这话，张小姐如释重负，长出一口气，心里暗暗发誓，以后再也不开老板的玩笑了。

张小姐的老板是一个很有风度的绅士，不用张小姐解释，早已把那句玩笑话放在一边。但是，我们不能奢望所有的领导都有张小姐的老板那样的好气度。所以，当我们在老板面前说错话时，千万不能一味地自我谴责，甚至自我羞辱，一定要放下自尊跟上司道歉。谁叫你说错话了呢？

不过，许多情况下，仅靠一句"对不起"不足以取得上司的谅解，道歉时的坦率很重要，更重要的是，要在道歉时把问题讲清楚。只有这样，才能和上司充分沟通，顺利化解因自己言行失误而造成的上下级间的感情危机。

虽然说在老板面前说错了话，得罪老板这件事并非全无挽回的余地。但作为下属，平日里与老板说话终归还是"悠"着点儿比较好。在职场中，我们不要直刺老板的过失，更不要损害上司的权威。开玩笑的时候，一定要看好场合，清楚什么话该说，什么话不该说；什么话能说，什么话不能说。毕竟，你可能会得罪那个给你发工资、养活你的人。

Chapter 5
事无巨细不遗余力，
是创业成功的基本前提

每一份事业的开创，都是一份如履薄冰的旅行。

遗憾的是，人们总是不懂把握"牵一发而动全身"的点滴。创业者只有顾全大局，统筹兼顾，不遗余力，才能让事业飞起。别等到一败涂地，才追悔莫及。

计划不精细，
想法再好也是白搭

　　每天都在忙忙碌碌的人中，有成功者，也有平庸者；每天都在悠闲度日的人中，同样有成功者，也有平庸者。时间对于每个人来讲是公平的，不会给任何人以优待，同样不会克扣任何人。那么，成功与平庸之间的沟壑究竟是如何铸就的？成功者与平庸者之间的差距到底是怎样造成的？其实，答案很简单——计划。

　　在电视剧《我的兄弟叫顺溜》中有这样一个情节：为了刺杀日本华东军司令员石原，新四军给狙击手们制订了一系列周密的作战计划，要求狙击手必须遵守纪律，小心行事，不能暴露自己的身份；然后，在每一条可能的通道上布置了火力，严阵以待；并告诫狙击手们，一定要有耐心，只有目标出现在射程之内时才能开枪。最终，在这样周密的计划支持下，顺溜成功击毙了石原。可以说，这个功劳是顺溜的，但同时也是所有狙击手乃至整个新四军的，如果没有详尽周密的计划，如果大家没有严格遵循计划执行，这场刺杀是不可能取得成功的。

可见，做任何事情，如果没有精细的计划，即便想法再好再妙，最终也是白搭。就像那些终日忙碌的平庸者，看似一直在努力、付出，实际上却如同无头苍蝇一般，根本不知道自己的力气究竟用去了什么地方。

生活需要计划，做事业更需要计划。无论做什么工作，在即将开展行动之前，我们都应当有相应的设想和安排，如提出任务、指标、完成时间和步骤方法等。计划是行动的指南，更是效率的保证。

交易界有这样一句名言：plan your trade，trade your plan。意思是说，要计划你的交易，交易你的计划。人都是有惰性的，哪怕再勤劳的人，也难免会有开小差的时候。如果仅仅依靠人的自觉性完成一项工作，很容易出现一些意想不到的偏差，如时间的滞后、工作效率的降低，甚至埋下隐患等。如果能在展开工作之前就先制订一个详尽的计划，有一个量化的指标，我们就只需要按照计划的步骤、要求一步步完成工作，这样做起事情来才有条理，效率也才能有保障。

所以，我们每个人应当时时审视自己的工作与生活。如果感觉自己总是奔波于上下班途中，穿梭于各个单位部门之间，在数不尽的文件与材料里消耗生命，却又完全找不到出路，看不到切实的提高，就赶紧停下来吧！给自己制订一个计划，将那些繁忙的工作任务、沉重的工作压力，分门别类地放好、计划好，将那些杂乱无章的事情变成井井有条的安排。只有如此，我们才能真正改变这种茫然无措、看不见未来的状态。

那么，怎样才能做好工作计划呢？这不是简单说说的事情，也不是应付领导的借口。做工作计划，内容远比形式来得重要。简单来说，就是必须做好5W1H。

所谓5W1H，即5个W和1个H开头的字母，分别是what、when、where、who、why以及how。What，这是你的工作计划的内容；你计划什么时间完成或在什么时间段完成，即when；你的项目由谁实施或需要哪些人协助实施，即who；你的项目将在哪儿完成，即where；你的项目中有什么意义，为何要做，即why；接下来，我们就可以选择如何进行你的项目了，即how。

通过这六条计划的分解，我们就能清晰地看到该如何进行手上的工作，只要根据每项计划内容进行安排，就能找到对应的入手方式。这就是计划的作用，能够让我们掌控全局，将一切都整理得清清楚楚、明明白白。而且，制订工作计划的过程，实际上是一个思考的过程。我们在安排计划的同时，实际上相当于在心里把即将要做的工作已经了解了一遍，厘清了思路。这样一来，做起事情自然也就更加得心应手、水到渠成。即便在工作过程中出现一些意外，相信其结果也不会产生太大差异。

需要注意的是，一个计划最终究竟能不能实现，关键在于行动时能不能按照计划执行。即便再完美的计划，若没有强有力的执行力，最终只是纸上谈兵罢了。所以，在制订了计划之后，千万不要给自己找任何借口，只有保证强而有力的执行，计划才能发挥预期效果，帮助我们把事情做到尽善尽美。

细　节

　　当然，天有不测风云，哪怕计划做得再完美、再精细，在做事的过程中，也难免会发生计划之外的状况，甚至打破我们的原有计划，扰乱既定的步伐。比如，突如其来的紧急事件、难以预料的天灾人祸等，但这些不应成为我们破坏计划的理由或借口。如果总是习惯把一切失败都推脱给"计划赶不上变化"，那么变化也就失去其本身的意义。

　　所以，为了尽可能避免这些状况的发生，我们在制订计划的时候，要保持一定的灵活性，以便能够应付突如其来的变化。可以说，计划中的灵活性越强，由偶发或突发事件带来的风险就越小。做到张弛有度，应变灵活，无论遇到怎样的变化，都不会紧张无措、手忙脚乱。

　　就像美剧《越狱》中的迈克，在策划越狱的过程中，他遭遇了无数猝不及防的意外，原本井然有序的计划也因一个个难以预料的变数而不断陷入混乱。但即便如此，在努力与坚持下，他依然取得了成功。

　　可见，无论做任何事情，计划都是必不可少的。虽然人生总是充满各种各样的意外，工作总是存在数不尽的变数，但只要能够科学、灵活地为自己制订精细的工作计划，并坚决执行下去，就一定能够让想法变成现实，让事业取得成功。

抓住重点，
才能更好地打磨细节

细节非常重要，越来越多的人们开始认识到细节的重要性，认为成功与否由细节决定，人缘儿好坏是细节决定的，甚至性格、命运如何都是由细节决定的。细节真的那么重要吗？细节很重要的，但没有重要到那种程度。

我们之所以一再强调细节的重要性，并不是因为细节决定一切，而是因为细节相对于其他事情更容易被忽略，更容易成为你超过别人的地方。但是，如果将目光完全放在细节上，只在小事上抓挠，是绝对不行的。特别是如果你想要打磨细节，就必须完成事情的主要部分。细节能够让你的作品变得更加完美，但不能撑起整个作品。

如同一座雕塑一般，你完成了主体部分以后，就可以开始打磨细节了，如何让眼神更加动人，如何让线条更加自然，如何让表情

细　节

更加柔和。如果雕塑没有主体的话，你所打磨的究竟是什么呢？给你无限的时间去打磨，最终只能得到一块更好的石头。

何远毕业于某名牌大学工程建造专业，并且以优异的成绩获得学位。他毕业后就进入当地一家很有名气的房地产开发企业，并很快受到重用，公司派他负责一个小型工地。

工作了一段时间以后，他很苦恼：自己每天早起晚睡，甚至通宵加班，有忙不完的工作。大到工程进度监督，小到工地上一袋水泥的质量问题，都需要他处理，他感觉自己就是铁人也要被累垮的。

何远觉得自己已经非常努力了，但连一个小项目都胜任不了。项目经常因为某个小问题卡在那里，往往因为一个钉子没送到就延误半天工期。

是不是自己的能力不够呢？看到那些负责大项目的同事，他们都做得游刃有余，他非常羡慕。为什么别人做得那么轻松越愉快，自己累死累活却总有干不完的活儿呢？他非常不解。

后来，何远请教了业内的一位前辈。那位前辈详细地询问了他的工作方法，最后告诉何远，他的方法是行不通的。按照他的那种干法，再加一个人也干不好。

前辈告诉他，工程材料供应有专门的检查负责人员，同样，施工进度也有专人负责。这么多工作，作为项目负责人，最重要的是保持各个部门的协调运作，不要在任何一个地方卡壳。举个例子来说：水泥来晚了就耽误做混凝土，没有混凝土就无法开工，后期的管道铺装就无法展开，整个工程进度就会受到影响。他的工作应该是确保各个环节及时到位，这些工作，很多时候只要打几个电话，或到现场找到责任人说一声，就可以了。

何远醍醐灌顶，一下子明白了。在以后的工作中，他试着用那位老员工教给他的办法操作，把工作重点放在协调部门的合作上；至于那些琐碎的事情，则交给相关人员去处理，他则偶尔抽查一下，以保证落实工作。果然，他再也不用焦头烂额地加班了。而且，工程进度质量等问题也得到很好的保证。

何远要做的事情，主体是什么呢？自然是他的本职工作，协调各个部门之间的工作。但是他却将目光放在一些旁枝末节上。想要把每个细节做好，亲力亲为地负责所有的事情，这可能成功吗？当然是不可能的。你连最基本的工作都没有做好，就要去各部门打磨细节，这是不可能的。

想要获得成功，必须完成工作的主体部分，然后再去打磨细节。如果何远能够在完成各部门的协调工作以后，再分出一部分精力与时间看看自己的协调成果，解决一些小问题，让每个命令都落实下去，将每个细节都打磨得圆滑，他将得到一个趋近于完美的项目。

急功近利这个词虽然不好，却没有错。谁不想一下子就找到成功的捷径，直接打开财富的大门呢？可惜这个过程并不简单。我们在寻找想要的东西时，想要完成终极目标时，太过心急往往会走极端。就如同对待细节的态度一样，有些人干脆放弃了细节，认为细节不过是拖后腿、没用的东西，成大事者当不拘小节。而有些人则把细节看得太重，甚至把细节当成最重要的东西。

赵磊是一家软件公司的项目经理，他第一次单独负责一个大项目的研发工作。这是个难得的机会，是他能够把项目经理这个位置

细　节

做得更稳固的保证。他是个信奉细节的人，认为细节是超过同类竞品的最佳途径，注意细节是他的最好武器。

因此，赵磊在项目研发过程中，提出最多的建议不是催促工期、增加功能，而是不断地要求程序员打磨细节。

他先是要求员工做出一个超越其他公司竞品的界面，不仅要精美，而且要用起来方便、舒服。随后，又对反馈方式进行打磨，包括反馈的声音、按钮的动画，能否让用户明确地感受到。随后，又对易用性进行优化，让软件的各种功能都能很方便地被用户掌握，即便是使用智能手机的新手，也能够马上学会。

就这样，他负责的项目打磨的时间最久，花的钱最多，也做得最精致、最漂亮。但是，该软件投放以后却遭到大量的差评。的确，这个软件的制作是同类产品中最精美的，刚刚投放那会儿受到大量的好评。不过，软件的稳定性极差。崩溃，丢失文件，不能正常使用，各种小问题不断出现。这让他的项目成为绣花枕头，看似好看，但没有任何用处。

赵磊花了大量时间打磨细节，这本没有什么错。但是，他却忘记了任何产品必须实现其核心功能才是有价值的。就如同一双装饰得极其华丽的鞋子，虽然美丽程度举世无双，但却没有鞋底，那这种鞋子有什么用呢？

我们重视细节，但不能将细节当成主要部分，将大量的精力投入打磨的细节中去。只有当我们完成重点部分、核心内容的时候，才能去打磨细节。细节打磨得再好，没有根本价值，也只是做了无用功而已。

哪怕再小的事情，
也要投入100%的专注

　　这是一个态度决定高度的时代。很多时候，我们是否能够把一件事做好，关键在于态度，而不是能力。态度不端正，哪怕能力再强，也可能只是随手应付，勉强及格；但态度足够认真投入，即便能力上有些微欠缺，至少也能交出一份优秀的答卷。所以，一件事情，既然决定了要做，哪怕这件事情再小，再微不足道，我们也应当投入100%的专注，尽全力做到最好。这就是成功的秘诀。

　　香港著名喜剧影星周星驰说过："我相信要做好一件事情，专注和投入是首要条件。就像我，我喜欢演戏，我就全力投入，我相信，穷尽我一生的精力和时间，一定可以把演戏这件事做好。"事实上，周星驰确实做到了。他从一个默默无闻的龙套到家喻户晓的喜剧巨星，从演员到导演、制片人，每一步都走得专注而认真，每个阶段都投入100%的专注。正是出于对工作的热爱和执着，他成功

细 节

建立了自己的事业，缔造了属于自己的辉煌。

一位哲人说过："这世上，最可怕的武器不是切金断玉的宝刃，而是一个人坚定不移的信念！如果一群人拥有一个共同的信念，而去专注一件事，则可以主宰一切，也可以摧毁一切！"

斯蒂芬·茨威格是奥地利一位非常有名的作家。有一次，他去巴黎的时候，有幸拜访了著名的雕塑家罗丹。

那天下午，茨威格来到罗丹的工作室。那是一间有着大窗户的简朴的屋子。罗丹向他介绍自己的一些作品，有完成的雕像；有做了一半儿的雕像；还有一些人体局部的雕像，如一支胳膊、一只手、一只手指或者指节等。

他们走到一个台架前停下脚步。罗丹一边把盖在雕像上的湿布揭开，一边笑着说道："这是我的近作。"

那是一座女人正身像，雕刻得非常漂亮。茨威格刚要开口赞叹，就见罗丹皱着眉，拿起放在一旁的刮刀，说道："这肩上的线条还是太粗，对不起……"

肩上的线条才刚修整完，罗丹又继续嘀咕："还有那里……还有那里……"

接下来的时间里，罗丹完全忘记茨威格的存在。他一边熟练地用刮刀修改着雕像，一边含糊地吐着奇异的喉音，似乎进入一种忘我的状态，时而神采飞扬，时而眉头紧锁。就这样，过了一个小时，两个小时……

最后，罗丹终于欣慰地笑了。他放下了刮刀，满怀温存地用湿布蒙上女人正身像。当他转身走到门口的时候，突然又"看见"茨威格，连忙向他道歉："太对不起了，先生，我完全把你忘记了，可是你知道……"

　　许多年后，回忆起那段经历，茨威格在自己的作品中写道："我握着他的手，感谢地紧握着。我为罗丹的失礼而感激万分，我看到了一种如此投入的工作状态，再没有什么比这更让我感动了。"

　　一个人，如果能像罗丹这样，对自己的工作投入100%的专注与热情，那么无论多么艰难的工作，相信他都能够有所建树。无论从事什么样的工作，无论在什么样的岗位上，专注都是必不可少的。这不仅反映一个人的工作态度，更决定这个人在工作上所能达到的高度。

　　工作其实是很公平的。只要你足够专注，就一定能够取得相应的成果。无论这些成果是大是小，对于你的职业生涯而言，都是值得肯定的，同时是支持你更进一步的资本。哪怕你所处的岗位可能微不足道，但你的每一分进步，累积到一定程度后，必然会发生质变，让你成为该岗位上不可替代的存在。到那个时候，你的价值就不再微不足道了。

　　所以，如果你不甘于平庸，就一定要懂得时时鞭策自己："无论从事何种工作，一定要全力以赴，一丝不苟。能做到这一点，就不会为自己的前途操心。因为世界上散漫粗心的人总是大多数，专心致志的人总是供不应求。"

　　专注的力量是巨大的，它能为我们带来的成功也是惊人的。高度的专注与投入，能让我们将事情做得更好，同时也能让我们在工作过程中收获到更多的乐趣。要知道，高度的专注其实并不意味着辛苦和乏味，更多的时候，专注其实是一种乐趣。当我们能够专注地投入一件事情里，甚至达成忘我的状态时，这种痴迷的情绪是愉悦而轻松的。因为在这种时候，工作于我们而言，早已成为一种快乐和享受。

需要注意的是，要想做到专注，前提是必须保持良好的心态和认真的态度。只有这样，我们才能真正发自内心地喜爱工作，并将此看作事业，投入最大的热情，从而实现创业理想。

事无巨细，不余遗力，这是每个创业成功者必须遵守的前提。无论从事什么工作，都要投入100%的专注与努力，以一种敬业的精神去对待。不管是统筹全局的大方向，还是其中的微小细节，我们都应予以同样的重视。如此，我们才能真正成为合格的工作者。

一切事业成功的奥妙就是在工作中倾注热忱和专心，无论事情是大是小。所以，一个人是否称职，是否发自内心地热爱工作，其实是非常容易判断的。我们只要看看这个人在做事的时候，是否足够专注、足够投入就可以了。

正所谓"千里之堤，溃于蚁穴"。每一个微小的细节处理不当，都可能成为隐患，甚至造成难以挽回的损失。所以，想要成功，就一定要牢记一点：不管多么微小的事情，也当投入100%的专注。

财富藏在生活的细微之处

　　拥有财富的机遇其实是普遍而客观存在的，只要善用头脑，仔细留心，任何人都能在普普通通的生活中发现财富。这是一个市场经济时代，只要有心，我们就能寻找到占不尽的市场，发不完的财。这不是虚言妄语，纵观那些成功者，谁的起步不是从生活中的细枝末节而起的呢？无限的商机，其实一直都在我们身边。

　　将生活中的细枝末节通过奇思妙想变成商机不是一件稀罕事，很多商人甚至靠着奇思妙想做成不少"无本万利"的生意。

　　日本商人将田野、山谷和草地的清新空气用现代技术储制成"空气罐头"，然后向久居闹市、饱受空气污染的市民出售。购买者打开空气罐头，靠近鼻孔，香气扑面，沁人心脾，商人因此获得高额的利润；美国商人费涅克周游世界，用立体声录音机录下千百条小溪流、小瀑布和小河的"潺潺水声"，然后高价出售。有趣的是，该行业生意兴隆，购买水声者络绎不绝；法国商人别出心裁，将经过简易处理的普通海水放在瓶子中，贴上"海洋"商标出售，

细 节

许多居住内陆的人纷纷购买，只为体验真实的海水是什么样子……

可见，只要善于从生活的细节之处开阔思路，想到别人想不到的主意，做别人没有做的事情，即便是普普通通的空气与水，也能够演变成商机与财富。从某种意义上说，这种敏锐的洞察力，实际上是我们创造财富的资本之一。

赚取财富不易，是因为市场中总是僧多粥少。社会上的资源有限，但人的追求与渴望却是无限的，想要成为成功者、富有者，你就必须得争、得抢，从别人手底下把资源抢到自己手里。那些显而易见的商机，往往正是最难抢的，因为人人都看得到，竞争者自然就如过江之鲫。所以，在我们的资本不足以碾压大多数人的时候，真正能够为我们带来财富的，往往是那些在生活中最容易被人忽略的细枝末节之处的商机。

众所周知，风靡世界的饮料可口可乐之所以成功，除了它独特的秘制配方外，不能忽视的恐怕要属那不断改进的瓶身设计。很多人可能不知道，可口可乐的瓶身设计灵感其实来自一条裙子。

起初，可口可乐的瓶子与其他品牌的饮料没什么两样，玻璃制品、上下等粗，毫无特色，如果不细看，瓶贴几乎都很难把它与其他饮料区别开来。

直到20世纪20年代，一个名叫鲁托的美国制瓶工人在和女友约会的时候，被其身上那条款式新颖的裙子吸引了。那条裙子使穿着者的腰部显得极具吸引力，因为裙子在膝盖上面的部分瞬间收得很窄。

鲁托目不转睛地盯着女友的裙子，让女孩难为情地问他："你在想什么？"

"我在想我设计的瓶子。"

"你明明是在看我的裙子，怎么会想瓶子呢？"女友有些愠怒。

"如果能把瓶子做成你那条裙子的式样就好了。"

就这样，鲁托借鉴女士裙子设计的优点，一种带有裙子布料花纹且富有线条美的新型饮料瓶诞生了。这样的设计成果不仅让瓶子看上去更加美观、别致、易握，而且瓶子由于有了线条，里面装上的饮料看起来比实际的分量要多。

1923年，鲁托将新瓶子的专利卖给可口可乐公司，并成功获利近千万美元，他在一夜之间名利双收。

一次最寻常的约会，一条穿在女孩身上的漂亮裙子，在鲁托的运营之下，成为近千万美元的财富。瞧，我们身边其实从来不缺少商机，真正缺少的是发现商机的眼睛和智慧。财富不是高山上的雪莲，更不是深海里的珍珠，它更像喜欢捉迷藏的孩子，与我们近在咫尺，只要有心，一定能够找到它。

敏锐的观察力与独特的思考力是每位成功商人必备的特质。他们总能观察到别人容易忽略的细节，故而从来都不会放过任何可能让他们发财的机会。这正是他们能够比别人成功的关键所在。比如希尔顿，一位天才的投资商，任何一寸他所管辖的土地都不会休闲、沉睡。

多半个世纪前，希尔顿以七百万美元买下华尔道夫——阿斯托里亚大酒店的控制权之后，以极快的速度接手管理这家纽约著名的酒店，一切欣欣向荣，很快进入正常最佳营运状态。希尔顿曾指天发誓："我要使这里的每一寸土地都长出黄金来。"他正是凭借特有的敏锐目光，从自己所管辖的每一寸土地中挖掘一切的生财手段。

细　节

那时候，就在所有经理都认为再没有遗漏可寻时，人们注意到，希尔顿的脚步时常在酒店前台驻足。他的目光像鹰一样，注视着大厅中央巨大的通天圆柱。当他一次次在这些圆柱周围徘徊时，侍者们意识到，又有什么众人意想不到的高招儿在他的头脑里闪耀了。

果然，经过希尔顿的反复观察，他发现酒店前台大厅的四根空心圆柱在建筑结构上没有支撑天花板的力学价值。那么，它们存在的意义是什么呢？仅仅是为了美观吗？希尔顿在心里这样问着自己。但要知道，没有实用价值的装饰无异于空间的一种浪费，他最不能容忍的就是一箭只射一雕。

于是，一个绝妙的创意诞生了：希尔顿叫人把这四根柱子迅速改造成四个透明玻璃柱，并在其中设置了漂亮的玻璃展箱。这样一来，圆柱就不仅仅是装饰。在广告竞争激烈的时代，它们便从上到下充满商业意义。

没过几天，纽约那些精明的珠宝商和香水制造厂家便把它们全部包租下来，纷纷把自己琳琅满目的产品摆进去。而希尔顿坐享其成，每年由此净收数十万美元的租金。

机遇不是路边的石头，不会安静地等在那里让你去捡。机遇是天空中的飞鸟，总是不远不近地让我们看得见却难摸着。只要你有心，懂得运用自己的头脑，敢于将想法付诸行动，必然能有抓住它的可能。生活处处是机遇，处处藏财富，想要在致富之路上有所成就，就请时刻睁大双眼，学会在一点一滴的生活细节中寻找机遇，挖掘财富。

留心每个信息，
捕捉成功的机遇

　　人这一生中，决定命运的不是我们能拥有多少机遇，而是我们对机遇的态度与看法。机遇总是悄然而降，稍纵即逝，稍不留心，它便可能翩然而去。不管你怎样后悔不迭，扼腕叹息，也无法让失去的机遇重头再来。

　　人这一生总会遇到一些机遇，或多或少，能够抓住机遇的人，哪怕一生只有一次幸运，也可能就此搭上成功的"顺风车"；那些抓不住机遇的人，哪怕运气再好，也只能在一次次与机遇擦肩而过中继续平庸。所以，很多时候，一个人之所以不能成功，其实未必是他运气不好，没有机遇，而是因为太过大意，以至于错过原本唾手可得的成功。

　　中国有这样一句谚语：有恒为成功之本。一句话便道破机遇的本质其实在于勤奋。可以这么说，机遇的出现与个人的打拼与努力是脱不开干系的，所谓"天道酬勤"，讲的就是这个道理。

尤其是在今天，这个信息爆炸的时代，很多机遇其实就藏在我们日常能够接触到的各种信息之中，只不过有的人留意到了，于是牢牢抓住机遇，改变命运，而有的人，即使机遇已经降临在眼前，也无从知晓，就更别谈捕捉了。

诚然，机遇的出现存在一定的偶然性，但正因如此，我们更应处处留心，独具慧眼，留心每个信息，这样才能在平凡的生活中发现特别之处，捕捉成功的机遇。

在智利的北部，有一个名叫丘恩贡果的小村庄，这里毗邻太平洋，北靠阿塔卡玛沙漠，地理位置非常特殊。在这里，由于太平洋湿冷的气流与沙漠上空的高温气流终年交融，终年多雾。偏偏这些浓雾对这片干涸的土地没有任何帮助，因为白天强烈的日晒很快就会将雾气蒸发殆尽。所以，一直以来，这片土地上几乎都看不到一点儿绿色。

一个偶然的机会下，一位名叫罗伯特的加拿大物理学家来到这个小村庄。他发现除了村庄中的人外，这里鲜有其他生命迹象，非常贫瘠且荒凉。但与此同时，他留心到一个非常特殊的现象——这里处处蛛网密布。这意味着蜘蛛在这个地方能够很好地生存和繁衍。

罗伯特觉得很奇怪，为什么偏偏只有蜘蛛能够在这里获得很好的生存呢？这里那么干旱，蜘蛛到底是凭借什么而存活下来的？很快，罗伯特就把目光锁定在密布的蜘蛛网上。在电子显微镜的帮助下，罗伯特发现，这些蜘蛛丝具有很强的亲水性，能够吸收雾气中的水分，而这些水分正是蜘蛛能够在这里生生不息的关键。

这个发现让罗伯特欣喜若狂。既然蜘蛛可以依靠蛛网从雾气中取水，人为什么不行呢？很快，在智利政府的支持下，罗伯特研制出一种人造纤维网，它的功能与蛛网类似，可以在浓雾中排成网阵，吸收雾气中的水滴，水滴滴落到网下的流槽之后，便汇聚成新的水源。

如今，罗伯特发明的这些人造纤维网平均每天都能为该地截水10580升，不仅能够满足村庄居民的生活用水，还能灌溉土地。这片原本贫瘠荒凉的土地现在已经长出鲜花与蔬菜。

在丘恩贡果，蜘蛛网随处可见，但在罗伯特之前，几乎没有任何人留意过它，发现它的价值。想必罗伯特绝不会是第一个到这个小村庄的科学家，但他却成为第一个帮助这个小村庄解决干旱问题的科学家，因为唯有他从身边随处可见的信息中发现机会，抓住成功。

可见，处处留心皆机遇。任何一个看似微小的信息，都可能蕴藏巨大的宝藏。只要抓住它，便能拥有一飞冲天的机会。这一点在职场中体现得更是明显。每个职场里的成功人士，除了拥有完美的执行力外，注重细节的优秀素养更是必不可少。很多时候，成功往往就藏在在那些细枝末节的信息里。

洛克菲勒年轻的时候学历不高，也没有什么技术，所以一进石油公司，就被分派做巡视工作并确认石油罐有没有自动焊接好的工作。这可以说是石油公司最简单的工作岗位了，不需要任何经验技术，哪怕是个小孩子经过简单培训恐怕都能胜任。换言之，这可以说是一份"毫无前途"的工作。

这份枯燥的工作很快就磨光了洛克菲勒的耐性。但没有办法，

细　节

当时的他实在找不到更好的工作了，所以即便心中充满厌倦，洛克菲勒也不能放弃这份工作。认清现状之后，洛克菲勒重新打起精神，决定安下心来，认真地将这份工作做到最好。

当时，石油公司正在推行节约计划。洛克菲勒也在想，自己做的这项工作是不是也能找到可以节约的地方呢？有了这个想法之后，洛克菲勒开始认真地观察和琢磨工作的每个环节，试图找到能够改善和节流的地方。很快，他就发现一个问题：经过周密计算，每焊好一个石油罐，都只需要37滴焊接剂，但在实际操作中，每焊好一个石油罐，焊接剂都会落39滴。

洛克菲勒很兴奋，他抓住这一点进行深入研究，经过多次观察和实验，考虑实际操作中的损耗问题，洛克菲勒研制出"38滴型"焊接机。只要使用这种焊接机进行焊接，每次焊接就能省下一滴焊接剂。

这个数字听上去似乎很不起眼儿，但一整年下来，这种"38滴型"焊接机却能够为公司节省超过五百万美元的开支！

谁能想到，一滴焊接剂的背后，竟然藏着这样惊人的财富。也就是这么一滴不值一提的焊接剂，彻底改变了洛克菲勒的一生。

机遇有时就是这么简单，它不是花园中夺目的鲜花，时刻绽放美丽以吸引人们的视线。它总是躲在不起眼儿的角落，藏在人们的眼皮子底下，让你以为它很遥远，却从不知道它其实就在你的手边、脚下。

所以，想要取得成功，捕捉机遇，我们没有必要绞尽脑汁地向着远方眺望，而是应当学会擦亮双眼，留心身边的每个信息、每处细节，发现那些看似平凡无奇的东西背后所蕴藏的价值。

亲力亲为，
是对团队最好的鼓励

创业想要成功，关键在于是否能够建立起一支优秀的团队。团队是做事业最重要的资本之一。一个优秀的团队能够发挥的能量是难以估量的，甚至说，团队的价值有时远远超过项目本身。一个好的项目可以为创业带来可观的收益，而一个优秀团队则可以成为企业永不枯竭的源泉。

要打造一支优秀的团队，领导者的作用至关重要。试想，假如一个团队里，领导者无法得到团员的信任，这个团队还有可能获得成功吗？答案自然是否定的。领导者在团队中的作用，就好像领头的大雁，决定整个队伍飞行的速度与方向。如果领头雁无法取信于追随自己的大雁，没有足够的号召力和威信，整个雁群在飞行时就很难保持整齐的队形。团队也是如此。如果领导者不能确立自己的核心地位，整个团队的力量就很难融合在一起，真正发挥出团结协作的能量。

　　那么，作为一名领导者，要如何才能真正赢得下属的尊重，确立自己在团队中的核心地位呢？答案其实很简单，不过八个字：亲力亲为，以身作则。

　　在团队中，如果不论做什么事，领导在对下属提出要求时，都能够率先示范，以身作则，那么，这种精神与状态就会自然而然地影响下属，在团队中形成一种潜移默化的催化作用，从而打造一种积极热情的工作氛围。更重要的是，作为领导者，只有自己先做到提出的要求，做好表率作用，才能让员工发自内心地信服你，愿意追随你，从而听从你的指挥。可以说，领导者的榜样作用在团队中就像一种无声的命令，具有强大的感染力与影响力，对下属来说，更是一种极大的激励。

　　试想，假如一位领导者要求下属不能迟到，但自己却从来都不准时，那么下属又怎么可能会真心地信服他呢？毕竟，自己都无法做到的事情，又有什么底气要求别人做到呢？自己都无法遵守的规矩，又有什么立场维护它的威信？

　　三国时期的曹操是历史上有名的"奸雄"，但即便被冠以"奸"名，也没有人可以否认他作为一个领导者的成功。

　　发兵宛城的时候，为了不惊扰百姓，曹操命令手下的官兵将士在经过麦田时不准践踏麦地，否则就要军法处置。于是在经过麦田的时候，大家都小心翼翼地下马扶着麦秆儿，一个接一个相互传递着走过去的，没有人敢私自践踏麦子。老百姓看到曹军纪律严明，全都交口称赞，甚至还有不少人感激地跪在地上拜谢曹操。

可没想到的是，就在这个时候，田野里突然飞出一只鸟，把曹操的马给吓惊了。曹操还没反应过来，他的马就已经一下子蹿到田里，把一大片麦子都给践踏了。

曹操很愤怒，怎么也没想到率先违反禁令的人居然就是他自己。怎么办呢？没法子，为了维护军纪，曹操决定必须得处罚自己。最后，在众人的劝谏之下，曹操决定割发代首，以此作为自己违反军纪的惩处。

这就是历史上著名的"割发代首"的故事。对于古人来说，身体发肤，受之父母，是不能随意损伤的，故而在当时，割发这件事在古人看来是件很严重的事情。曹操作为一个领导者，即便将此事含糊过去，别人也不敢随便说三道四，更何况那不过只是一个意外罢了。如何处置，说到底也就是一两句话的事情。但曹操并未逃避责任，而是坦然地接受处罚，以身作则地向手下表明自己维护军纪的决心。这其实正是曹军能够治军严明的关键所在。毕竟就连领导者自己都不会随意破坏律法，别人又怎敢轻视律法的约束力呢？

可见，作为领导者，想要服众，关键的一点就是能够亲身上阵，亲力亲为，以身作则地成为下属的好榜样，用自己真实的行动带给团队最大的激励，从而确立自己的核心领导地位，这样才能真正赢得众人发自内心的支持与臣服。

当然，需要注意的是，作为团队的领导者，不是所有事情都需要亲力亲为。无论你是运营一个企业，还是在一家企业中管理一个部门，都必须学会判断哪些事情应当亲力亲为，哪些事情应当适当放权，让别人去完成。毕竟，人的时间和精力都是有限的，事必躬亲只会本末倒置，甚至对团队的管理和发展造成不良影响。

那么，哪些事情需要我们亲力亲为地给员工做表率呢？简单来说有两点：一是对制度和纪律的遵守与维护；二是难度大、具有挑战性的事务。

作为领导者，只有以身作则地遵守和维护公司的制度与纪律，才能有底气去约束下属。如果自己都无法按照公司规章制度行事，只一味地要求下属，指责下属，必然是无法真正让对方服气的。

此外，在遇到难度大、具有一定挑战性工作的时候，作为领导者，如果能够身先士卒地冲在前面，必然能够带给团队很大的激励与鼓舞。不管什么时候，相比"给我上"，相信下属会更愿意听到领导者说"跟我来"。

别忘寻找助力，
为自己的事业添砖加瓦

　　牛顿说过："如果说我看得更远的话，是因为我站在巨人的肩膀上。"在人生的道路上，我们总能遇到一些"巨人"。他们比我们强大，比我们厉害，若能借助他们的力量，站上他们的"肩膀"，我们无疑会省去许多麻烦，增添许多助力，让自己的成就更上一层楼。

　　真正高明的人必然懂得借助别人的智慧和力量，这不是什么丢脸的事。个人的能力与时间都是有限的，想要爬得更高，拥有更大的成就，我们就要懂得将身边的资源物尽其用，让其能发挥最大的效用，从而在最短的时间内实现能量和利益的最大化。这是一个真正聪明的人应当做的事情。

　　周末上午，一个小男孩在院子里的沙堆上玩耍，他打算在沙堆上"建造"一条公路和隧道。在"建造"过程中，小男孩在沙堆中部发

细　节

现一块大石头，这块石头恰好挡在他规划的路线上。为了完成自己的伟大"工程"，小男孩决定把这块碍事的石头从沙堆里弄走。

小男孩个子很小，可这块石头却很大，他自己根本没法把石头从沙堆里挖出来。但小男孩没有放弃，他用尽力气，连推带滚地终于把石头移动了一段距离。可还不等他为这小小的胜利而欢庆，石头又滚落回来，还砸伤了他的手指。

小男孩顿时放声大哭起来。对于这整个过程，小男孩的父亲都从透过起居室的窗户看到了。他来到小男孩的面前，问他说："儿子，既然你想搬动这块石头，为什么不把你所能利用的力量都利用起来呢？"

小男孩一边抽噎一边回答说："爸爸，我已经想尽办法、用尽全力了！我把我所有的力量都利用起来了！"

"并不是这样啊，孩子。"父亲温和地说道，"你没有用尽全部的力量。你瞧，你明明可以请求我的帮助，让我帮你将这块石头轻轻松松地搬开，这样你根本就不会伤到手指。"

父亲一边说着，一边轻松地抱起石头，把它丢到沙堆外头。小男孩看着父亲的举动，终于破涕为笑。这一刻他终于明白，很多时候，自己解决不了的问题，于别人而言，可能只是轻轻松松抬抬手的事儿。既然如此，为什么不试着向别人寻求帮助，非要把自己弄得筋疲力尽、头破血流呢？

个人的能力始终是有限的，哪怕再优秀的人，也总有解决不了的难题。这种时候，与其非要抱着所谓的"自尊心"，浪费时间与精力，倒不如学会充分利用身边的资源，找更擅长处理这些问题的人来帮忙。懂得寻找助力，才能为自己的事业添砖加瓦。

在追求成功的路上，"独行侠"注定是走不长远的，既然有机会站到巨人的肩膀上，何必把宝贵的生命浪费在搭建已有的阶梯上呢？要知道，没有任何一个成功者的奋斗历程是完全依靠自己的力量的。

美国前总统克林顿在17岁时原本立志要成为一名音乐家，但那时他在白宫遇到当时的总统肯尼迪，并因此改变志向，走上从政的道路，彻底扭转自己的人生与命运。而肯尼迪也在克林顿的人生与事业中发挥了非常大的作用。可以说，如果没有肯尼迪，克林顿或许根本不会发掘自己的政治天赋，踏上美国政坛的巅峰。

世界成功学权威安东尼·罗宾，他曾穷困潦倒、一文不名，若不是遇上生命中的"贵人"吉米·罗恩，得到他的引导与帮助，他可能永远不会了解何谓成功学，更不可能走上这条道路，并最终成为世界上演讲费用最昂贵的成功学大师。

这就是"贵人"或者说"巨人"能够带给我们的帮助。他们的能力、经验都是珍贵的宝藏，能够让我们在极短的时间里得到极大的帮助，产生极大的效应，让我们在节省大量时间的同时，也少走许多弯路，避免产生许多错误。

有人可能会问，我们究竟应该如何寻找助力，为自己的事业添砖加瓦呢？

第一，主动寻求机遇。

想要获得机遇，就得主动出击。不可否认，这个世界上确实有一些运气好的人，哪怕坐在家中等，也可能有好运送上门，但拥有这种运气的始终只是极少数。对于绝大部分的人来说，机会都需要我们主动争取，不管你是需要机会还是需要助力，都得主动争抢。

看看周围那些能够在某一领域取得一定成绩的人，你会发现，他们几乎都拥有超人的交际能力，善于结交朋友，能够为自己建立有效的社交圈。这是每一个职场人士最基本的职业技能，也是为自己的创业之路累积资本的重要途径。

第二，积极参与社交活动。

寻找助力最直接有效的方式就是社交。我们大多数人在踏入社会，生活稳定之后，基本上都会形成一个既定的生活圈。这个生活圈一旦固定下来，通常很长时间里都不会发生什么变化，既没有新加入的朋友，也没有新类型的社交活动。这其实是一件很危险的事情。这就意味着，我们所拥有的人脉资本和所能从外界获得的助力基本上已经定型，很难再实现增值。如果想要打破这种"稳定"，让自己有机会获得更多助力，我们就必须学会积极地扩展自己的交际圈子，参与社交活动。

比如，可以选择加入一个健身俱乐部，或者其他爱好类型的团体，从而结识一些与自己有着相同喜好和共同话题的人，实现交际圈子的更新与拓展。

不拼到最后一刻，
怎么知道结局如何

　　某选秀节目出过这样一个事件：

　　一位女选手登台之后，表演的才艺是现场绘制一幅素描画。她先是不紧不慢地勾勒出一个人像的轮廓，不难看出，她要画的是其中一位评委格雷斯。很快，另一位评委苏珊娜的轮廓也出现在画板上，但之后她画板上的线条开始变得越来越乱，整幅画给人感觉就是杂乱无章，毫无头绪。评委变得越来越没有耐性，还不等她将画画完，就接连按下淘汰的红灯，勒令这位女选手停止比赛。但这位女选手并未听从评委的话，她依旧沉着冷静地坚持完成了自己的作品。最后，当她将手中的白色粉末撒在那充满杂乱无章线条的画板上后，所有人都震惊了，画面上赫然出现在场的第三位评委布里吉的面容。之后，评委纷纷向这位选手道歉，布里吉甚至用十万美元现场买下这幅画作。

细　节

很多时候，在竞技场上，不到最后一刻，你永远不会知道结局究竟如何。我们在成就事业的过程中，其实也是如此。你以为自己已经一败涂地，却偏偏可能在最后一刻绝地反击；你以为自己已经胜券在握，却也可能在最终环节急转直下，输得一无所有。

生活中，很多创业失败的人，最终都不是败给了市场，而是败给了自己。他们就像选秀节目里的这些评委一样，因为没有耐性坚持到最后，所以在看到颓势、遭遇挫折之际，就急匆匆给自己按下"淘汰"键，将自己三振出局。殊不知，不论做什么事情，从无到有本就是一个艰辛的过程，不可避免地会遇到许多阻碍和失败，如果早早就在心底给自己打上"我不行"的标签，最终走向失败也没什么可奇怪的了。

成功从来不是一件轻松容易的事情。你不仅需要一定的眼光与运气，更重要的是，得有钢铁般的意志以及不遗余力拼到最后一刻的决心。就像世界上最伟大的推销员乔·吉拉德说过："成功有时候其实就是被逼出来的。我想大多数人都会承认，他们之所以能够取得成功，关键在于他们坚忍不拔，不断地追求成功。"

2014年是主持人李锐的"翻身年"。当他携新书《别拿村长不当干部》在北京签售时，恐怕就连他也不曾想过自己能迎来如今的盛况，毕竟这场"翻身仗"，他打了足足十几年。

李锐，1998年从北广播音主持专业毕业。一毕业，他就幸运地得到在中央电视台实习的机会。那时候，很多人非常羡慕李锐，毕竟能进入这样一个知名度极高的单位，在寻常人看来都是极为体面的事情。但只有李锐自己知道，在北京打拼的日子他到底过得有多苦。

　　那时候，李锐住在一间地下室，生活十分窘迫，为了贴补生活，工作之余还要帮人录音，一次大约可以赚200元左右。冬天的地下室很冷，李锐曾养过一条鱼，结果没想到，有一天下班回到家，竟发现鱼缸里的水都冻成冰坨子，鱼自然也活不了了。这样的日子让李锐渐渐有些心灰意懒，心中充满看不见未来的恐慌和迷茫。

　　一个偶然的机会，李锐无意间在电视上看到湖南卫视的《快乐大本营》，无论是节目舞台，灯光效果，还是整体呈现出的时尚感，都让他立刻喜欢上了这个电视台。于是，他决定去长沙闯一闯。

　　1999年，李锐加入湖南卫视。那时候，他的想法很简单，也很纯粹，就是单纯地想要做一些事情。起初，他主持的是湖南卫视的《晚间新闻》，并凭借自己的敢想敢做，首创了"说"新闻，成功地把这档深夜节目做到同类节目的收视率第一。然而好景不长，这档节目最终因与娱乐台的宗旨相冲而被取消，这让李锐感到非常失落。他不得不又一次面临新的选择：是离开，还是转型做娱乐。

　　最终，李锐没有离开湖南卫视。为了能够有长远的发展，他开始尝试用一颗做新闻的心去做娱乐。那是一个非常艰难的过程。在整个湖南卫视都如火如荼地拼青春、拼娱乐的那几年，李锐辗转在几个节目中拼命做出"年轻态的努力"。这几乎暴露了他所有的短板，不协调的动作，"拧巴"的表达，无一不让李锐感到挫败与迷茫。

　　有人劝说李锐放弃，毕竟做娱乐，拼的就是青春活力。但即便深陷迷茫，李锐也没有退缩，而是不断坚持寻找属于自己的出路。他尝试着多方面展示自己的才华，寻找最适合自己的道路。后来，他主持了一档全新的节目《商界惊奇》，从"说"新闻发展到

"演"新闻，为自己积累充分的经验。

　　在不懈的努力与坚持下，李锐终于等来自己的机会。随着《爸爸去哪儿》的大火，李锐所扮演的"村长"随之迎来事业上的又一次高峰。对于自己这一场精彩的"翻身仗"，李锐感慨道："曾经以为在我的职业生涯里，《晚间新闻》就是顶点了。怎么也没想到过了40岁，还能收获《爸爸去哪儿》这样一个奇迹。尽管奇迹被创造出来之前，谁也不知道有多艰难。"

　　是啊！在奇迹发生之前，谁又能预测到它的降临呢？在那段漫长而压抑的迷茫期，如果李锐在受挫时选择放弃，也就与《爸爸去哪儿》无缘了。可见，只有扛得住磨难的人，才有可能换得最终的甘甜。成功不是运气，而是不遗余力的坚持，唯有坚持到最后，我们才能真正看到结局，判定胜负。

Chapter 6
只有在投资上精打细算，
你才有可能身家亿万

谁都知道要理财，可是怎么理财才会实现利润最大化？

就四个字——精打细算。也许有人觉得精打细算一辈子会很累，如果这样想，你就大错特错了。精打细算的人，往往可以留意到别人不注意的细节，并从细节里挖掘出金子来。

細　节

对花销有个计算，
给投资留下预算

收入不算低，却始终"零存款"，东西没咋买，钱包却空了。这是不少年轻人步入社会、自力更生之后会遭遇的问题。所以，虽然无数理财专家高呼"你不理财，财不理你"的口号，高举呼吁投资的旗帜，但依旧有不少"心有余而力不足"的年轻人只能握着自己可怜的银行卡望洋兴叹，挪不出哪怕丁点儿预算进行投资。

实际上，很多时候，我们之所以钱不够花，并不是因为赚得太少，而是因为缺乏计划。要知道，用钱的方式决定我们生活的方式，对花销没有计算的人，赚得再多也积累不起财富。若是懂得计算，把每分钱都花在刀刃上，即便赚得再少，也总能给投资留下预算。

找到工作之后，林晓楠就立志要实现自力更生，不再伸手向家里要钱。林晓楠运气不错，找到的第一份工作收入就不低。正因如此，她才有底气和自信觉得自己刚毕业就能自立自强。

　　然而，理想是美好的，现实却是残酷的。虽然收入不低，可林晓楠依然过得紧紧巴巴，有时甚至还没到领工资的时候，就已经囊中羞涩。

　　王琳是林晓楠的同学，与林晓楠相比，她的运气可就没那么好了，屡屡碰壁之后，才找到一份勉勉强强的工作，收入更是没法子和林晓楠相比。但令人惊讶的是，虽然收入远远不如林晓楠，王琳却过得比林晓楠滋润多了，在把自己的生活安排得妥妥当当之余，每月还能攒上几百块做基金定投呢！

　　林晓楠向王琳"取经"，问她究竟是如何把自己的生活安排得这样妥妥帖帖的。王琳告诉林晓楠，其实很简单，自己只不过是在花钱的时候比别人更多了几分权衡和计划，只买"值"的，不买贵的，力求让每一个花销都物超所值。

　　其实不难理解。试想，假如你手头上有100块钱，你打算用这些钱到超市采购一些生活用品。若你没有任何计划，只是随心所欲地见到想要的东西就买，很可能不知不觉就把钱花完了，真正需要的东西还未必能采购完全。但如果你在采购之前就根据自己的需求列出一张采购清单，在购物过程中，只要严格按照清单上列出的计划进行购买，就能避免因冲动而购买自己不需要的东西。购买过程中，如果注意比较一下价钱，从中选择最实惠划算的商品，自然又能节省一部分花费，用最少的钱购买到最超值的服务。

　　这就是有计划花销和没有计划花销的区别。对花销有所计算，能够让我们用最少的花销实现最大的"增值"，从而为自己的投资留下预算。只有懂得计划的人，才能真正把日子过好，哪怕收入不高，但只要能将每一分收入都安排得井井有条，让每一份花销都物超所值，就不会陷入"无财可理"的窘境。

那么，什么样的花销才是"超值"的花销呢？有人可能会说：便宜的或者打折的！真的这么简单吗？当然不是。判断一次花销是否值得，我们不能只单纯地考虑此次花销，还得考虑此次花销所能为我们带来的回报。

举个例子。你有机会参加一次宴会，为了参加这次宴会，你需要支出1000块钱打理自己，但通过这次宴会，你或许能够与许多成就卓著的人结交，从而得到超过10000块钱的回报。再举个例子。你在商场购物的时候，正好遇到打折活动，冲动之下，便花了100元购买了一床打折的被子，但买回家以后发现，其实家里有很多被子，这床被子根本就用不上，收起来还要占据不少空间。参加宴会支出1000块，而买床被子只需要支出100块，后者显然比前者的花销要少多了，可前者给我们带来的回报却可能是支出的数倍，而后者不仅无法给我们带来相应的回报，还可能给我们造成麻烦。哪次的花销更"超值"，已经显而易见了吧！

英国著名文学家罗斯金说过："通常人们认为，节俭这两个字的含义应该是'省钱的方法'；事实上，节俭应该解释为'用钱的方法'。也就是说，我们应该如何去购置必要的家具，如何把钱花在最恰当的用途上，如何恰当安排衣、食、住、行以及教育和娱乐等方面的花费。总而言之，我们应该让钱发挥最大的功效，创造最大的价值，这才是真正的节俭。"

想要实现"真正的节俭"，我们在花销的时候就必须学会计划，有了计划，才能约束自己的花销行为，避免不必要的支出和浪费，真正把每分钱都用在刀刃上，给投资留下预算，从而为自己创造更多的财富。

要做花销计划，最基础的一点就是学会记账。将自己的日常开支账单列出来，然后根据收入情况和花销情况进行一定的调整，这样才能找出消费漏洞，进而优化开销。保留必要的开支，减去不必要的开支，实现最优化的节流，这样才能真正制订出最适合自己的理财计划。

需要注意的是，记账这件事需要持之以恒。消费中的漏洞好像网络中的病毒一样，并不会在每天或每个月都定时以相同的姿态出现，只有时刻保持警惕，时时反省修复，才能保证"系统"健康安全地运转下去。

此外，我们应该明白：记账只是一种模式，我们最终的目的是要让自己培养对金钱负责的态度。培养坚持记账的习惯，只是投资理财的开始，想要让记账真正发挥效用，更重要的在于监视与执行。只有做好监视与执行，在日常消费中严格约束自己，定期进行自我检视，记账才能真正发挥应有的效用，我们也才能真正从花销中"扣"出投资的预算。

运作好小钱，
挣大钱一点儿也不难

一提到投资理财，就能听到不少人说："我收入那么低，哪有闲钱投资理财，等有钱了再说吧！"在他们看来，投资理财似乎是有钱人的专利，离收入平平的老百姓实在太过遥远。

不可否认，大量的资金确实能够迅速赢得丰厚的收益，钱能生钱并不是一句空话。但这不意味着只有有钱人才能投资理财，相反，越是钱少的人，越需要投资理财。只有通过投资理财，你才能让自己的小钱"活"起来，累积更多的财富，帮助你彻底摆脱财政窘况。

李女士是一名家庭主妇，平日里在家照顾一家老小就是她的"本职工作"。以前孩子还小的时候总是离不了人，李女士即便不上班也总是忙得分身乏术。如今，孩子长大了，去了外地念大学，李女士骤然就空闲下来，便萌生出想出去工作赚钱的想法。

　　虽然有想法，实践起来却不顺利，毕竟李女士已经不再年轻，而且又没有什么工作经验，就连去超市应聘收银员可能都抢不过年轻小姑娘。更何况，李女士之所以想出去工作也不是因为缺钱，所以也不可能做诸如洗碗、清洁之类的力气活儿。

　　在这样的情况下，李女士第一次接触到"零股交易"。

　　对于股票这种东西，李女士听说，过但并不了解，只知道风险挺大，但收益也挺高。刚开始，有朋友建议李女士投资股票的时候，她是不太愿意的，一方面是她手头上能拿出来投资的闲钱不算多，另一方面也是害怕风险太大。

　　我们知道，股票的成交单位，一手是100股，而不足100股的股票就被称为"零股"。相比正常的股票交易来说，零股交易投入要小很多，可以以小额资本参与一些大型投资。这对于不想拿出太多资金投入股市的人来说，是非常合适的。

　　刚开始投资零股的时候，李女士只是想着随便买着玩玩打发时间，从来没想过通过这么点儿股票赚什么钱。毕竟就这么点儿"蝇头小利"，实在不足以吸引人。但几次交易之后，李女士却发现，那些看似零散小额的投资，收益加起来，竟然都快赶上她从前上班一个月的工资了！更重要的是，投资零股所需成本比较小，进场风险自然就比较低，而且还不需要她时刻盯盘，有充足的时间做其他事情。这种投资方式简直就像是为她量身定做的！

　　之后，李女士一直坚持投资零股。几个月下来，随着经验越来越丰富，李女士的收入也逐渐增长，排遣闲暇之余还能给自己赚点儿零花钱，别提多开心了！

细　节

　　李女士进行的零股投资，其实就是适合小钱投资的方式之一。在生活中，很多人和李女士一样，看不上零股投资，觉得这么点儿股票，不过就是蝇头小利，没必要为了赚这么点儿小钱而操心劳神。实际上，当你切实操作后会发现，这些蝇头小利加在一起，还真不是一笔小数目。

　　再者，为了赚取财富而绞尽脑汁，付出努力，这并不是什么丢脸的事。我们应当认识到，财富确实是个好东西，它能为人们带来富足安定的生活，给人以快乐和满足。贫穷并不可耻，但有钱也不是罪恶，正所谓"君子爱财，取之有道"。只要手段合理，承认自己喜爱财富并不是什么难以启齿的事情。所以，没有必要用异样的眼光看待投资理财。追求财富与追求其他"高尚"的东西并无二致，同样是为了让生活更顺遂，让生命更自由。

　　投资理财能够帮助我们从根本上改善生活，只要运作好小钱，想要挣大钱，便不再只是一个梦想或奢求。任何人都可以进行投资理财，这与钱财的多寡没有关系。诚然，小钱所能创造的收益和回报远远不及大钱，但所谓的"大钱"说到底不也是无数的"小钱"累积起来的吗？如果你因为钱少而不屑于浪费时间和精力进行投资理财，你手上的小钱就永远只是小钱，没有希望变成大钱。

　　所以，投资理财专家告诫我们，理财应从"第一笔收入、第一份薪金"开始，即便你的第一笔收入或薪水在扣除生活开支后所剩无几，也不要小瞧剩余的微薄小钱所能创造的收益。只要运营得当，小钱再小，也能发挥出它的聚财能力。1000万元有1000万元的投资方法，1000块也有适合1000块的理财方式。哪怕月收入只有几百块，但只要能够对自己的收入情况进行有效规划，合理支出每分钱，我们依旧能从指缝中"扣"出小钱，作为投资资本。

如果因为钱太少，你就放弃投资理财的念头，那么你将失去的不仅仅只是这些小钱带给你的收益，更重要的是将失去提升个人投资技能的最佳机会。这些机会很可能就是改变你命运的契机，以及带你冲上人生巅峰的希望。

不要低估小钱的力量。试想，假如你每个月从薪水中拿出400元，在银行开立一个定投账户，即便抛开利息收入的考量，光本金来说，积累到20年之后，你的本金就能达到96000元。再加上20年的定投利息，数目就更多了。假如你在这个过程中，利用这笔钱购买一些投资理财产品，只要收益稳定，你最终得到的数目必然还要更多。这就是俗话说的：滴水成河，聚沙成塔。

当然，如果你觉得只是把钱放在银行储蓄收益实在太低，而你每个月又能拿出一部分资金作为投资理财的资本，那么不妨试着开辟一些其他投资途径，如购买国债、基金，甚至是涉足股市，或与别人合伙投资入股等，都是小数额投资较为适用的方式。但一定要注意，无论参与什么样的投资，参与者的信誉问题都是需要仔细考量的，不要轻易被高额利益所吸引。请记住，无论什么样的投资，风险与收益永远都是成正比的。高收益意味着高风险，千万不能存有一夕暴富的念头，稳扎稳打，务实渐进，这才是正确的投资理财之道。

在别人没留意的地方，
挖掘你的金币

黑格尔说过："人死于习惯。"当我们习惯了某些思维方式之后，往往容易画地为牢，让自己陷入一个圈子里走不出来，直至困死。可是在这个世界上，宝藏通常都藏在我们习以为常的"圈子"外头，只有打破"圈子"，留意到那些别人不曾留意的细微之处，我们才能挖到商机，挖到"金币"。

乔治·西屋是美国西屋电气公司的创始人。有一次，他准备坐火车出差，结果因为一些事故，火车误点5个多小时，弄得旅客怨声载道，纷纷向列车员询问情况。

为了安抚众人，列车员耐心地向大家解释："火车在路途中与另一辆火车相撞，所以导致交通中断。"没办法，一通抱怨后，旅客也只得选择改乘汽车。

当时，乔治·西屋也在人群中。他听完列车员的解释后，并没有急着换乘汽车，而是直接找到站长，好奇地询问他："火车为什么会相撞？"

站长解释说："发生事故的时候，火车刹车失灵了。"

乔治·西屋继续追问："为什么刹车会失灵？"

站长只得继续耐心地向他解释。问到最后，乔治·西屋总算明白，原来那时候的火车每节车厢都单独设有刹车器，每次火车要停下的时候，需要每节车厢的刹车工一起行动，同时拉刹车器，这样才能让火车慢慢停下来。可是刹车工的反应不可能完全一致，有的人总是反应快些，有的人则总是反应慢些，不可能让每节车厢的刹车器都同时拉下。所以，火车的车厢与车厢之间常常发生撞击，有时候撞击比较严重，导致刹车失灵，则容易引发诸如两辆火车相撞的惨剧。

明白这一点之后，乔治·西屋陷入思考：如果能够将火车的刹车系统进行改良，不仅能够减少火车相撞的事故，自己必然也能财名兼收！

有了这个想法之后，乔治·西屋很快将许多专家和火车工作人员组织到一起，反复进行研究探讨。最终，他终于想出解决火车刹车问题的方法：在火车司机驾驶室设置一个统一的刹车器，由机器刹车来代替人工操作。

乔治·西屋的想法应用在实际中后，很快就取得惊人的效果。随后不久，这一新的刹车系统便应用到全美国的火车上。后来，乔治·西屋又利用压缩的空气为动力，发明了性能更为卓越的空气刹车器。这一刹车器被称为19世纪最伟大的发明之一，为西屋电气公

细　节

司带来巨大的经济效益。

火车相撞，不是一件多么新鲜奇特的事情，正因如此，人们已经习惯了这种意外的发生，不会深究到底为什么会发生这样的意外，如何才能避免这样的意外。乔治·西屋则不同，他撞上这样一场意外，并没有因为这样的意外并不罕见而匆匆掠过，反而留心着每个别人不曾注意到的细节，从而完成一场伟大的改革，也为西屋电气公司挖掘到无数的"金币"。

商机其实就藏在我们的生活中。只要留心那些别人不曾发现的细节，你会发现，宝藏就藏在那看似平常的一点一滴里。

晶晶是个爱美的姑娘，每次出门之前都要把自己打扮得一丝不苟。毕业后，晶晶进入一家化妆品工作上班，因为工作需求，对自己的妆容和形象就更是注意了。

有一次，公司临时指派晶晶到深圳出差，由于走得匆忙，晶晶只来得及随便带几件换洗衣物就直奔火车站。本来时间就比较紧急，偏偏火车又出了一些事故，晚点好几个小时。没办法，晶晶只得一下火车就直接去见客户，连去酒店化妆的时间都没有。

客户是一位非常挑剔的女士，看到晶晶之后也不说话，板着脸上下打量了她半天，然后不客气地开口道："你们公司不是全国知名的化妆品企业吗？怎么员工的形象就这么马虎？就这副样子，你凭借什么说服我和你们公司合作，选择你们品牌的化妆品？"

听了客户毫不客气的话，晶晶愣住了，赶紧掏出化妆镜一看，原来一路奔波，自己脸上的妆容早就花了，简直是惨不忍睹。脂粉混合汗水，显得十分脏乱，唇膏晕在嘴角，睫毛膏也化成"黑眼圈"。看着镜中狼狈的自己，晶晶恨不得把头埋进地板，不让任何人看到。

最后，那单生意没能谈成，客户离开的时候对晶晶说了这样一句话："做你们这行的，随时保持干净的妆容才是敬业，哪怕你刚坐了一路的车。"

这件事让晶晶印象十分深刻。为了不再让悲剧重演，晶晶养成在包里常备化妆品和各种补妆工具的习惯。有趣的是，自从带了这些东西后，晶晶遭遇过好几次在火车站洗手间被别人借用化妆品和补妆工具的体验。

这些事情让晶晶心中萌生一个念头：如果在火车站里开一家补妆店，帮那些赶时间又没有带化妆品的女士补妆，会怎么样呢？

有了这个想法之后，晶晶很快就展开行动。她辞去原本的工作，和本地一位火车站的负责人搭上线，并顺利签订合同，在火车站里拿下一间75平方米的店面，开了火车站里第一家补妆室，专门为进出车站的女乘客提供化妆或补妆服务。

如今，晶晶已经在本地另一个火车站开了新的分店，生意一直红红火火。一个月下来，赚的可比她当初在公司上班的时候多多了。

匆匆出行，把自己弄得一身狼狈，想要补补妆，可转遍偌大的火车站，也没能发现合适的地方——这样的情况，相信很多女士其实都遭遇过。然而，大多数人在遭遇这样的情况时，往往只会在口头上抱怨几句，之后转眼就忘了。毕竟大家已经习惯，火车站就是这个样子，长途旅行过后只能风尘仆仆、一身狼狈。

晶晶却不同，在遭遇了这些事情之后，并没有屈从于现实，让自己陷入惯性思维的圈子，而是积极寻求解决方案，从而寻找到打破惯性的商机。所以，晶晶成功了，那些只会不断抱怨，其实已经在心里"认了命"的人，只能在无数次与商机擦肩而过中悔恨不已。

生活处处是商机，与其打破头地和别人争抢既定圈子里的有限资源，不如学着多开阔下眼界，仔细留心细节，到别人不曾留意的地方，挖掘属于你的金币。

小心点儿，
避开实业投资的误区

产业投资又称为实业投资，是近年来较为火爆的投资方式之一。实业投资，顾名思义，就是把钱转化成为实业，形成固定资产、流动资产或无形资产。目前，中国的实业投资主要有两大类：一是创业投资，如以风险投资公司为代表的投资主体所关注的高风险、高回报投资；二是传统产业投资，如一些风险性较小、收益稳定的基础设施建设等投资。

简单来说，实业投资主要投资的是企业，进行实业投资的人对企业的兴趣远远大于项目。和普通的理财产品投资不同，实业投资具有发展性，投资收益和企业发展息息相关。

很多人以为，做实业投资，关键在于企业的发展前景好不好。发展前景好的企业，你投入了，日后必然能有大回报。那些没有发展前景的企业，即便投入了，日后收益也十分有限。

细　节

　　固然，前景光明的好生意往往拥有更大的上升空间，但并不是所有前景光明的投资都值得我们看好。很多时候，除了光明的前景和发展潜力外，时机同样是生死攸关的大事。

　　众所周知，家电与PC的融合绝对是大势所趋。然而，很多企业在发展家电与PC的融合项目之初，虽然把握住了正确的方向，却没能掌握正确时机，过早投入，反而给企业带来巨大的损失。

　　1999年，全球兴起互联网高潮，当时微软公司大力推出"维纳斯计划"，这一计划的实质其实就是家电与PC的融合。之后，无数的IT厂商也都看好这一发展趋势，纷纷踏上家电与PC的融合之旅。结果如何呢？据研究机构调查显示，自1996年涌入PC市场的家电企业，没有任何一家做出令人满意的成绩。甚至直到2001年，PC业务中的"家电系"也没有任何一家实现盈利。进入2002年，几乎所有涉足这一领域的企业都开始收缩战线，停止广告宣传。这一场看似大势所趋的"家电与PC融合"的风暴全线溃败。

　　不可否认，家电与PC的融合确实前景光明，可问题在于，那个时候，因受制于网络产品发展的滞后以及家电系企业技术储备的不足，这一想法很难真正做好。因此，过早地投入，不仅没能帮助企业抢占市场，反而因自身不足而对企业造成严重的损失。

　　除了考虑时机之外，我们进行实业投资时，其生意的现金流状况也是需要着重注意的。毕竟，我们之所以做投资，最终目的就是为了赚钱。

　　以电影行业为例。近年来，很多电影流行在网络上进行众筹，这让很多普通人拥有了投资电影的机会。然而在中国，电影行业的现金流状况其实并不好，这一行业看似火爆，但实际的收益回报不是太好。中国每年拍的电影大约有700部，但真正能上映的只有200多部。若是一部电影票房能够达到5亿，在业内就算是大获成功。即便如此，扣除分给院线的钱，以及发行费、宣传费等，制片方最后能拿到手的大约只有2亿元，再扣除导演、编剧、制片、演员的薪酬以及各种拍摄过程中的费用，最终剩下的利润可能只有几千万。更重要的是，一部电影从成型到推出再到最后分到钱，周期是相当长的。所以，从投资的角度来说，电影行业不是一个好的实业投资选择。

总而言之，进行实业投资，我们在做决定之前一定要进行多方面的考量，从方法、思维、技术等方面入手，在细致分析之后再做决定，尽可能地避开投资误区，从而减少实业投资带来的风险。

那么，在进行实业投资的时候，有哪些事情需要特别注意，避免我们走进以下误区呢？

误区一：投资项目过于单一。

对于缺乏经验的实业投资者来说，最忌讳的就是将资源和资金集中到一起，投入单一的项目。单一投资可以让资本最大化，在选择项目正确的情况下，也能收获到更多的收益。但单一投资的风险是显而易见的，一旦选择错误，就可能一败涂地。所以，作为缺乏经验和判断力的实业投资者，最好保持投资项目的多元化，这样可以尽可能地减少投资风险。

误区二：投资规模过大，资产负债比率高。

在选择合适的实业投资项目时，最好将投资规模控制在一定的范围内，进行具体投资的过程中，尽量避免一次性投入，把资金分批次、分阶段地投入进去，随时观察项目发展状况，避免在风险发生时手中缺乏资金，以致满盘皆输。

误区三：受眼前利益驱动，急于求成。

实业投资看重的是长远利益，投资者要克服急功近利的思想，这样才能理性分析，理智选择，找到最适合自己的投资项目。如果因为受眼前利益驱使而急于求成，则容易错过真正有长远发展前景的项目，甚至可能因投机心理而上当受骗，让自己损失惨重。

培养正确的投资习惯，
让金钱"活"起来

一个人会不会赚钱，关键在于有没有正确的投资习惯。比如很多人，一辈子在投资市场打滚儿，知识理论张口就来，可偏偏一事无成，那只能说，这个人其实并没有培养起正确的投资习惯，不曾真正让金钱"活"起来，变成手中的资本。

现实生活中，习惯的力量非常惊人，甚至远远比学识、能力更为强大。澳大利亚著名的经济学家马克·泰尔的研究表明：习惯的力量的确是惊人的，甚至可以说，在习惯面前，理性往往不堪一击。

美国有个妇孺皆知的故事叫《穷爸爸与富爸爸》。故事中的富爸爸学历不高，没有上过名牌大学，但他这一辈子却非常成功，通过自己的努力成为夏威夷最富有的人之一。这位富爸爸不光赚钱能力一流，性格也十分坚毅，是一位非常有思想的人。而穷爸爸虽然有着耀眼的名牌大学学位，却完全不了解金钱的运行规律，不能

细 节

真正掌控金钱为自己所驱使。所以，即便他处处看似比富爸爸有优势，却始终未能拥有超过富爸爸的成就。

从这个故事可以看到，一个人是穷是富，说到底是由观念所决定的，同时也受到周围环境的影响。而观念与环境共同作用所造就的，就是习惯。

投资的成功与否并不仅仅取决于投资者的受教育程度、学识、技能、想法，真正能在投资路上取得成功的，必然是那些有着良好投资习惯、懂得稳扎稳打、坚持不懈的投资者。任何奇迹的背后，实际上都有着数不清的汗水。任何一个有钱人的财富，也是由一点一滴的小钱逐渐累积而成。在财富累积的道路上，一直支撑投资者的便是其正确的投资习惯。

你一定听过拉里·伯德这个名字，他是NBA的传奇人物，历史上最杰出的篮球明星之一。很多人不知道，拉里其实根本算不上是一个天才，或者说他在篮球上的天分，放在一批篮球明星之中，其实并不突出。可他却成功率领波士顿凯尔特人队三次登上总冠军的领奖台。他究竟是如何做到这一切的呢？

早在少年时代，还未与NBA结缘之前，拉里就已经养成每天清晨练习500次三分投篮的习惯。正是这个习惯，让他在多年练习之后成为NBA历史上最出色的三分球投手之一。可以说，拉里·伯德的成功，更多的并非来自天赋，而是不懈的坚持与努力。在这个过程中，习惯的力量可见一斑。

我们投资理财其实也是一样。养成正确的投资习惯，投资理财于我们而言，就会成为一种自然而然的行为。我们会不自觉地将思维转换为投资思维，在保持所拥有财富的同时，更好地实现增值。这就是习惯所能带来的力量，就像拉里·伯德的成功一样。

20世纪80年代，一说到有钱人，大家就会想到"万元户"。那时候，对于任何一个家庭而言，1万元钱都是一笔巨额财富，拥有1万元钱是任何一个普通人都不敢想象的。可是到了今天，1万元钱或许只是一个普通白领1个月的收入而已，拥有1万元钱不再是件值得炫耀的事情。

假如银行存款税后利率是2%，年通胀率是5%，那么把钱存入银行，显然是个亏本的事儿，存款利率和通胀率相互抵消，储蓄所得实际存款利率就为负值了。换言之，如果一个"万元户"把自己的1万元钱都存到银行里，10年之后，1万元的实际价值经过贬值便只有7374元，这意味着储户的本金在存入银行10年之后，足足损失26%。

可见，一个人如果没有正确的投资习惯，只会把钱放到银行"睡大觉"，就相当于是在变相地削减自己的财富。多少人辛劳一生，付出无尽的努力，却始终只能在贫穷线上挣扎，说到底，造成这样的原因只有一个，那就是他们没有正确的投资习惯，不懂得如何把钱变成资本，为自己创造更多的收益。

有钱人之所以越来越有钱，是因为他们将钱看作资本，钱在他们手中是"活"的，能够在不断的流动中创造越来越多的收益；穷人之所以越来越穷，是因为他们只是纯粹的消费者，钱在他们手里是"死"的，只会变得越来越少，直至消耗干净。

所以，要想摆脱贫穷的桎梏，就得从根本上扭转自己的观念和习惯，而不仅仅只是努力赚钱或用心花钱。只有真正把投资当成一种习惯，培养起正确的投资习惯，我们才能一步步接近自己的财富目标，彻底摆脱贫穷，过上更好的生活。

有时候，消费与投资不过是一念之差，看似同样的行为，有时可能是消费，有时可能是投资。而这种行为到底是消费还是投资，关键要看花钱时的想法和最终目的。比如，你购买一套房子，如果是为了将房产租赁出去，以赚取房租，或者坐等升值，卖出赚取差价，显然就是投资行为；但如果你购买这套房子，只是单纯地为了改善自己的居住条件，这种行为就只是单纯的消费而已。

有钱人总是想尽一切办法将钱财变为资本，从而以钱生钱，让资产变得越来越多；而穷人总是习惯享受消费的乐趣，将钱财变为消耗品，随着时间流逝，钱财将越来越少。追其根本，造成这样的差别，说到底是思维观念和投资习惯的不同。

贫穷本身并不可怕，真正可怕的是对贫穷的习惯。当我们在长期的贫穷中逐渐消磨掉斗志，封闭起思想之后，随之而来的便是无尽的麻木与迟钝。当贫穷成为一种习惯时，我们便也只能一生都与贫穷相伴相随了。

Chapter 7
爱在微处，没有走心呵护，就准备好相忘于江湖

　　有人认为，夫妻不是外人，不必拘小节，床头吵架床尾和。

　　但恰恰因为是夫妻，彼此更应该珍惜。若是外人，或许伤便伤了，大不了不相往来，但内心深爱之人，难道不应该好好呵护吗？怎么可以去伤害！

别在家里讲理，
讲理很伤感情

日常生活中，常常听到有人抱怨：为什么一结婚，恋人就变得蛮不讲理、不可理喻了？婚前婚后，一个人真的会变这么多吗？其实，这不难理解，谈恋爱的时候，无论男人还是女人，都会不自觉地向恋人展示出自己最美好的一面，处理矛盾时，通常会克制自己，毕竟哪怕是恋人，彼此间还是存在一些距离与空间的。

但结婚之后，两个人生活在一起，便不可能再时时刻刻都力求保持完美了。更何况，对于大多数人而言，既然结婚，就意味着两个人从此变成"一家人"，既然是"一家人"，距离自然要比婚前近得多，插手对方的事务仿佛更加"名正言顺"。所以，无论婚前还是婚后，人依旧还是那个人，家仍然还是那个家，不同的只是恋人之间对彼此的要求高了，包容少了。

两个人从相遇、相识到相知、相恋，最后步入婚姻的殿堂，相信在这个过程中，双方必然是抱着十足的诚意与努力建造这个家的，只是随着时间的推移与延伸，夫妻间的激情和包容在逐渐淡化。于是渐渐地，争吵不再挡上"遮羞布"，矛盾也因彼此的不肯退让而日渐凸显出来。

其实，每一个幸福的家庭都需要用心和用脑子去经营。在我们周围，有很多幸福的家庭，也有很多不幸的家庭。如果你留心观察，一定会发现，那些幸福的家庭之所以能获得幸福，是因为他们懂得，在家庭中，包容远远比讲道理更重要；而那些不幸的家庭，则往往缺少退让与包容，总把家当成辩论赛场，非要用自己的道理驳倒对方，得理不饶人。

要知道，幸福的婚姻最忌讳的就是据理力争，尤其是夫妻之间，很多事情其实没必要非得分出个输赢胜负。夫妻既为一体，彼此间何必计较太多呢？家不是法庭，也不是辩论场，在家里讲道理，最终伤的也是彼此间的情分。

周末，丈夫陪妻子逛街，走进一家商场后，妻子看中了一个最新款的包包。丈夫一看，价钱可不便宜，再一瞧，这款式和妻子不久前买的包包大同小异，没有多少差别。于是，丈夫便把妻子拉到一旁，低声对她说："你可别冲动啊，老婆，冷静冷静，冲动消费带来的结果就是悔不当初啊！"

妻子一听这话不高兴了，瞪了丈夫一眼："你这什么意思啊？"

丈夫赶紧有理有据地开始分析："第一，你看包包上挂着的价签了吗？差不多抵得上半个多月工资了，咱这经济状况可不能不考虑；第二，你包包那么多，背得下吗，款式也都差不多，没必要买；第三，从成本来说，这包根本就不值这个价，都是品牌效应，你要真喜欢这款式，买个别的没那么贵的牌子可划算多了。"

听完丈夫的话，妻子脸色顿时沉了下去，生气地说道："道理我都懂，但我今天就问一句，是你的这些道理重要还是我重要？连买个包，你都有那么多理由，你是不是不爱我了！"

看着妻子愤怒离去的背影，丈夫满脸无奈。

在丈夫看来，他之所以不支持妻子买下这个包，完全是有理有据的，这跟爱不爱的根本没有什么关系。而对于妻子来说，她只是想买下一个自己喜欢的包包而已，丈夫却能摆出这么多的大道理阻止她，完全就是一副舍不得花钱的样子。

可事实上，这个包包究竟该不该买？其实没有标准答案，因为这件事本身就没有对错之说。既然没有对错，丈夫与妻子之间的争执，那些所谓的大道理，又有什么意义呢？

其实，家庭中的很多琐事都是如此，根本没有明确的对错之分，只不过是每个人考虑问题的角度不同，所以才会得出不同的结论罢了。这种时候，据理力争只会让矛盾不断升级，唯有包容与忍让才能化干戈为玉帛，真正维护好彼此间的感情。

很多不幸的家庭正是因为不明白这个道理，所以才弄得夫妻之间常常剑拔弩张、战火不断，将和睦硬生生吵成分离。想要让家庭和睦，就一定要记住，家里从来都不是一个讲理的地方，你越是抓住道理不放，反而就越容易闹得家无宁日。

一位哲人说过："要维持一个家庭的融洽，家里就必须要有默认的宽容和谅解。"无独有偶，一位名人也曾感叹过："家是世界上唯一隐藏人类缺点与失败，而同时也蕴藏甜蜜之爱的地方。"世俗夫妻，食的是人间烟火，念的是柴米油盐，谁也不可能完美无缺，要想把日子长长久久地过下去，就要懂得包容彼此的缺点与不足，只要不触及原则性问题，就不要太过较真儿，这才是婚姻相处之道。

人与人之间的相处，总是公说公有理，婆说婆有理，每个人都觉得自己想的是对的，自己不管做什么都是有理由的，别人如果和自己意见不合，那必然要么是别人的错，要么是别人不理解你，人与人之间的矛盾和争吵就是这样产生的。讲道理、明事理固然不容易做到，但相比讲道理和明事理来说，更难得的是包容之心。没有包容之心，家庭就不可能和睦，感情就不可能长久。

婚姻就像一个空盒子，你往里面填充什么，你的婚姻就会是什么样子。多一分尊重和包容，放一些体贴与理解，再加几分谦让和宽和，婚姻方能长长久久、安安稳稳。请记住，家是用来存放爱的地方，而不是用来讲理的地方。

换位想想，
他（她）为什么会生气

　　这个世界上，每个人都是独立的个体，不同的人哪怕对同一件事，也会产生不同的想法和看法。所以，两个人在一起生活久了，自然无法避免会产生一些小摩擦和小争吵。毕竟每个人都有情绪，而争吵无疑是能够最直观表达和宣泄情绪的一种方式。

　　虽然说争吵也是一种沟通的方式，但偶尔的争吵或许能够帮助我们宣泄负面情绪，让彼此更加了解对方。如果是三天一大吵，两天一小吵，再好的感情恐怕也只能在争吵中消耗殆尽。所以，想要构建一个和谐的家庭，关键不仅仅是夫妻之间感情有多深，而是要看彼此之间有多少包容和理解。

　　一个家庭就好像一个整体、一个团队，每位家庭成员都有自己需要承担的责任与义务。通常来说，现在大部分的家庭是"男主外，女主内"的组合方式，当然也有一些家庭是"男主内，女主外"。不管哪种形式,其实都不重要,重要的是,各司其职的丈夫与妻子是否能够学会换位思考,理解对方的难处和需求。

春节前夕,一对夫妻因为"如何过春节"这个问题意见不同而发生争执。丈夫喜欢旅行,好不容易迎来春节假期,自然希望全家一起出去旅行;可妻子更爱安静,忙忙碌碌一整年下来,显然更愿意安安静静待在家里休息几天。

原本这不过是个小问题,大家只要心平气和地沟通,把彼此的想法说出来探讨一下,商量出一个双方都能接受的方案就行了。可偏偏丈夫喜欢制造"惊喜",在还没有和妻子商量的情况下,就擅自联系旅行社,把春节出游路线都给定好了。妻子向来是个急脾气,一看丈夫给的"惊喜",当即就怒了,大骂丈夫自作主张,不尊重自己……一场争吵就这样爆发了。

丈夫觉得很生气,自己原本只是想着给妻子一个惊喜,才费尽心思地策划这次春节旅行,即便不喜欢,只要她好好说,自己也是愿意更改计划的,有必要这么劈头盖脸就是一顿骂吗?

妻子同样觉得很生气,春节出游这么大的事情,丈夫居然都没和自己商量就擅自做主定下了,根本就不尊重自己。再说,她本就喜欢安静,不爱出去玩,这些日子又要上班,又要照顾老人和孩子,已经累得不行,好不容易有了休息的时间,只想好好休息,可丈夫却一点儿不体谅自己,只按着自己的喜好安排事情,实在太过分了!

瞧,无论是丈夫还是妻子,好像都没有什么错,都有充分的理由生对方的气。其实,他们都只站在自己的立场上思考问题,从来没有试着换位想想,理解对方的想法,总是觉得道理在自己一边,错误都在别人那里。

夫妻间会有看法与观点不同的时候，这其实很正常，重要的是我们是否能够做到换位思考，理解对方为什么会有和我们不同的想法与观点。只有做到这一点，才能真正理解对方的想法，明白对方的难处，知道对方究竟为什么生气，从而避免很多争吵。

很多时候，夫妻之间的"大矛盾"实际上是由一些鸡毛蒜皮的小事引起的。那些天崩地裂的争吵，静下来想一想，其导火索大多幼稚可笑。比如有一对夫妻，因为争吵而大打出手，而导致他们爆发争吵的导火索，不过是丈夫没有把臭袜子放进脏衣篓罢了；还有一对夫妻，闹得要离婚，而最初促使他们产生争执的事情，不过就是南方菜和北方菜哪个更好吃而已。

矛盾的累积其实往往是由情绪推动的，原本一开始可能只是微小的问题与争执，却因双方情绪的爆发而逐渐扩大，从眼前的小问题到开始翻以往的旧账，然后口不择言地发泄，结果小事变大，一发不可收拾。但如果我们懂得换位思考，体谅对方，就能及时调整自己的情绪，进而安抚对方，就事论事地解决眼前的小矛盾。就像上面故事中的那对夫妻，若是妻子理解丈夫想要给她惊喜时的雀跃心情，即便不喜欢这个惊喜，想必也不至于恼羞成怒地斥责丈夫；若是丈夫能够理解妻子的疲惫，那么在妻子生气训斥他的时候，就不会被负面情绪所控制，与妻子争锋相对。如此一来，争吵自然也就不复存在。

可见，很多时候，人与人之间的争执其实都是因沟通不畅引起的。你说的是一个意思，对方理解的却是另一个意思，于是你埋怨对方不讲道理，对方也在埋怨你不可理喻，争执与矛盾便就此开始。我们讲的换位思考，换位的目的其实是为了了解对方，解决沟通上的偏差问题。当我们能够明白对方究竟为什么而生气时，自然也就不会觉得他（她）无理取闹或不可理喻了。

一位情感专家说过，男人与女人之间的矛盾，大多源于不能相互理解。

男人不理解女人既要工作又得负担大部分家务的烦恼与痛苦，不明白婆媳相处之间因生活方式和生活理念不同所带来的烦恼，有时甚至还大男子主义地认为，带孩子干家务本就是女人的本职工作，自己在外辛劳一天，回家自然应该过过做"大爷"的瘾。

女人同样也很难理解男人的痛苦，她们既希望自己的老公能够深谙浪漫之道，又希望他们能在事业上勤奋进取。她们不明白，为什么男人总不能明白女人的所思所想，却又执拗地不肯直接说出自己的想法。

其实，无论是男人还是女人都没错，他们错的是只站在自己的角度看问题，却不能做到换位思考，站在对方的角度想一想。爱是包容，是理解，是责任，也是帮助。当你觉得对方在"无理取闹"的时候，不妨试着换位思考一下，如果你是对方，你的心里会想什么，为什么会生气。只有当你能够真正理解对方，走进对方心里的时候，你才会真正明白，如何与对方携手，建造一个和谐而幸福的家庭。

不经意的惊喜，
一扫情感的低迷

　　两个人的爱情关系不是一成不变的。随着时间的推移，它不是朝着加深的方向延伸，便是朝着破灭的方向发展。爱情不是婚姻的必需品，但不可否认，有爱的婚姻往往比没有爱的婚姻幸福圆满得多。其实，爱情与婚姻一样，需要用心经营。我们虽然不能预测爱情的降临与离去，但通过用心经营，却可以让彼此间的爱情走得更长远，从而保证婚姻的幸福与美满。

　　有人可能会怀疑，爱情真的是可以经营的吗？如果它真的这样捉摸不定，让人无法预测，那我们又怎么可能经营它呢？

　　公元一世纪的时候，罗马诗人奥维德在《爱的艺术》中提到年轻人如何征服异性的方法，其中有一条给男性的非常有趣的建议：带着自己喜欢的女人到竞技场去约会！

　　为什么是竞技场呢？其实很简单，因为竞技场是一个非常容易唤醒人激情的场所，能够让人产生心跳加速的感觉，而爱情，同样能够带给人心跳加速的感觉。

著名情绪心理学家阿瑟·阿伦做过一个非常经典的实验：阿伦找到一位漂亮的女性做研究助手，让她随机对一些男性做一个调查。调查内容很简单，首先是让接受调查的男性完成一个简单的问卷，然后再根据一张图片编一个小故事。这个实验最特别的地方在于，阿伦将接受调查的男性分成三个组，分别让他们去往三个不同的地方接受调查。第一组在一个安静的公园里；第二组在一座坚固而低矮的石桥上；第三组则是在一座看上去非常危险的吊桥上。

对每位男性做完调查之后，这位漂亮的女研究助手会给他们留下自己的姓名和电话号码，并告诉他们，如果想进一步了解实验或和有其他事情需要，都可以直接给她打电话。

有趣的是，阿伦发现，与其他两组相比，在危险的吊桥上完成调查的第三组成员中，给这位女研究助手打电话的人数远远多于其他组。而且，他们所编撰的故事中，也含有更多的情爱色彩。

为什么会有这样的结果呢？这是因为人在情绪体验的过程中，首先感受到的通常是自己生理表现的变化，然后才会不由自主地思索，为什么自己会产生这样的生理变化。比如，当你和一位异性一起看恐怖电影的时候，你感觉自己心跳加快，呼吸急促，可造成这种生理变化的，究竟是电影情节太过恐怖，还是身边的异性实在令你心动呢？或许两个原因都有，可是你无法将它明确区分开，因为二者的情绪虽不同，但它们所造成的生理变化却又极其相似。

接受调查的男性同样也是如此。站在危险的吊桥上，显然比在安

细　节

静的公园或低矮的石桥上更容易让人感到紧张。这种紧张的情绪带给我们的生理变化，与心仪异性带给我们的生理变化是极为相似的。这种相似性很可能会误导，或者说放大我们对身边异性的感觉。

说到这里，可能有人会觉得疑惑：我们总不可能为了让爱情"保鲜"，就总是带着伴侣去危险的吊桥或强迫他/她必须看恐怖片吧？

其实，能够触动类似"爱情"或"激情"情绪的方法非常多。作为伴侣，彼此之间必然已经存在一定的感情基础，这种时候，只需要一点点的情绪调动，就能让对方清楚地感知到"爱"的存在，比如惊喜。

相信每个人都曾收到过别人赠予的礼物。在这个过程中，最令人愉悦和期待的，不是使用礼物的时候，而是收到礼物以及拆开礼物的过程。这种混杂着欣喜、忐忑与期待的感觉，总是让人欲罢不能，与爱情所能给人们带来的愉悦甜蜜又是何其相似。

一位朋友分享过一件他和妻子之间发生的事情。

那是一个周末的下午，朋友的妻子在洗衣服时从朋友的口袋里翻出两张音乐会的票。那两张票原本是一位同事帮另一位同事买的，因为临时有事，而朋友又和另外那位同事住得比较近，所以才托朋友帮忙转交。可朋友的妻子并不知情，以为这是丈夫特意为她准备的惊喜。非常巧合的是，就在不久之前，朋友的妻子才无比羡慕地和他说过自己的闺蜜和她的丈夫一起去听音乐会的事情。

面对妻子的误会，朋友实在没好意思解释清楚，只好将错就错，从同事手里把那两张票买了过来。而实际上，他根本不记得妻子之前有和自己说过关于音乐会的事情，当然也就不会安排所谓的

"惊喜"了。

最令朋友感到不可思议的是，因为这个"误会"，平时对他大呼小叫的妻子，那段时间对他简直堪称温柔体贴，让他仿佛找回当初恋爱时的感觉。

自那之后，朋友也开始反思，自己平时对妻子是不是太过于忽略。若不是这个不经意的"惊喜"，或许他永远不会知道，原来想要"激活"低迷的夫妻感情不是想象中的那么难。之后，朋友开始时不时地给妻子安排一些小惊喜，或是策划一场突如其来的郊游，或是下班途中带回家一束鲜花……

如今，朋友和妻子简直堪称模范夫妻，两人的爱情与婚姻一直羡煞旁人。

爱情与婚姻都需要用心经营，就像一粒种子，需要埋进土里，细心呵护，给予阳光和雨露，才能开出最美的花。别吝啬给你的伴侣一些小小的惊喜。请相信，这些简单的举动，将会为你的爱情与婚姻提供最好的养分。

爱情可以风花雪月，
婚姻却是柴米油盐

　　无论是男人还是女人，结婚之前，对婚姻都有自己的憧憬和幻想。女人可能希望结婚后，无论自己如何任性无理，丈夫都能包容忍让；无论自己如何唠叨啰唆，丈夫都能耐心倾听；无论自己有什么要求，丈夫都能千依百顺。男人则可能希望结婚后，妻子能够温柔体贴，无怨无悔地给自己做饭洗衣，打理生活的一切杂务，出得厅堂，入得厨房。

　　可是，憧憬始终是憧憬，幻想与现实也总存在差距。结婚之后，大家会发现，婚姻生活并不像自己想象得那般完美，丈夫不是父亲，不会无止境地包容你；妻子也并非母亲，不会无底线地为你付出。

　　爱情可以风花雪月，但婚姻归根结底却是实实在在的柴米油盐。沉浸爱情中的男女，总是会对未来有太多不切实际的幻想。正因如此，很多人在步入婚姻之后，才会产生幻灭的感觉，婚姻的不幸大多源于此。所以，步入婚姻之前，男女都应当理智地交流一下双方对未来角色的期待以及对未来婚姻生活的期许。有了这样的心理准备，才能真正建立起和谐、稳定的婚姻。

刘芳和陈阳是通过相亲认识的，看对眼后，便开始了一场一年多的恋爱。两人一起旅行，一起看电影，一起品尝美食，只要有时间便腻在一起，两人的相处更是蜜里调油。

和陈阳在一起，刘芳品尝到了幸福的味道，每天都有说不完的话，不管做什么，都觉得身心愉悦。刘芳觉得，要是能一直这样下去，该有多么的美好。所以，当陈阳向她求婚的时候，刘芳一口就答应了。

步入婚姻生活之后，刘芳却发现，一切和她想象的完全不一样。她原本以为婚后的生活将会更加甜蜜，更加轻松惬意。事实上，那些零零碎碎的琐事，柴米油盐的现实，简直糟透了心。婆婆的刁难，金钱的困窘，亲戚人情的纠缠，一切都压得刘芳喘不过气来。尤其是在意外怀孕之后，生活压力骤然加大。为了给孩子赚奶粉钱，陈阳的工作越来越忙，刘芳只能一个人面对无穷无尽的烦心事……

刘芳对婚姻的失望，说到底是因为她根本不了解婚姻到底是什么。她沉浸于爱情的风花雪月，享受恋爱时的轻松惬意，却不明白，相比爱情来说，婚姻更多了一层责任，伴随着夫妻的，还有许多牵绊。更重要的是，爱情不过是婚姻中的一个小小部分。说到底，婚姻的本质还是实实在在的生活，踏踏实实地过日子。

那么，为了构建和谐美满的婚姻，有哪些细节需要注意呢？

细 节

第一，把生活放第一位，爱好放第二位。

沉浸于爱情中的时候，恋人们为了能有更多的时间在一起，通常会对彼此做出一些妥协，陪对方做他们想做的事情，哪怕自己对这些事情毫无兴趣。但在结婚之后，我们就要懂得自我调节，不能再任性地把自己的爱好放在第一位。

在恋爱时期，两个人能待在一起的时间毕竟有限，偶尔的妥协不会对生活造成什么困扰。可结婚之后，两个人在一起生活，待在一起的时间自然多了起来，自然也就不合适再任性地要求对方非得迁就你了。要知道，对于婚姻来说，生活永远应当放在第一位。

更何况，非要逼着对方陪你做不情愿的事情，即便勉强去了，想必也只会扫兴。比如，很多妻子喜欢逼着丈夫陪自己逛街，结果自己倒是逛得兴致勃勃，丈夫一路上除了玩手机就是唉声叹气，这样逛街恐怕谁都不会觉得开心吧。

第二，面子再重要也不比过日子重要。

人都是爱要面子的。很多时候，人与人之间的矛盾往往也是因为爱面子，谁都不肯退让妥协而激化的。比如很多男性，为了彰显自己的面子，往往会在朋友面前故意对妻子呼来喝去，以此来凸显自己"一家之主"的地位。这种时候，如果妻子性情宽和豁达，大概也不会如何计较，可若是妻子性格火爆，一场争吵怕是怎么都少不了。

面子再怎么重要也不比过日子更重要，何必为了维护虚无的面子而把自己的日子折腾得鸡飞狗跳呢？尊重伴侣，理解伴侣，关怀伴侣，这不是什么丢面子的事，相反，这是任何一个成熟睿智的人都应当具备的品质。

第三，取长补短，教育孩子是父母共同的事。

有了孩子之后，很多夫妻容易在孩子的教育问题上发生争执。有的时候是夫妻之间的教育理念有所差异导致的，比如一方支持"棍棒教育"，认为孩子不听话就得打，另一方则主张好好讲道理，觉得无论如何都不能对孩子动手。有的时候则是因为推脱责任而发生争执，比如当孩子考试不及格或者犯了错误被找上门之后，很多夫妻难免要关上门大吵一架，指责对方疏于管教，才导致今天的错误。

其实，教育孩子是父母共同的事情，不是特定某一方的责任。要想把孩子教育好，夫妻之间应当有商有量，共同配合，取长补短地制定出真正适合孩子的教育方式。只有父母先达成共识，在教育孩子的时候，才不会出现互相拆台或推脱责任的情况。

第四，以家为中心，处理好社交活动。

很多喜欢社交的人在结婚之后往往会感到非常压抑。因为结婚之后，与同性朋友之间的交往不可能再像以往那样随心所欲，更得时刻注意分寸。不喜欢社交的人其实也很苦恼，因为结婚之后，逢年过节应付各路亲戚的事怎么也躲不掉。

可不管怎么说，即便再不喜欢，为了婚姻的和谐与稳定，在结婚之后，我们必须促使自己对自己的社交习惯做出一些改变。处理这些社交关系的时候，时刻都应该记得，以家庭为中心，把家庭放在第一位。

幸福，
就是用心做一些小事

　　什么是幸福？这是很多人都问过的一个问题。在电视剧《马大帅》中，范伟所饰演的范德彪说过："幸福就是，我饿了，看见别人手里拿个肉包子，他就比我幸福；我冷了，看见别人穿了件厚棉袄，他就比我幸福；我想上茅房，就一个坑，你蹲那儿了，你就比我幸福。"

　　这话听上去很糙、很直白，但很有道理。幸福其实不需要什么惊天动地的事迹，它就是我们生命中一件一件的小事情，我们过日子时一个一个的小细节，但凡是那些能够温暖人心的，让人欣然一笑的，都是幸福。

　　生活中，我们常常听到有人说，自己辛辛苦苦赚钱打拼，一天到头不着家，全是为了家庭在付出，为了缔造幸福的婚姻而努力。诚然，无论是婚姻还是家庭，物质条件都是最坚实的基础，但客观来说，那些以"为家庭付出"为由，一心扑在工作和事业上，除了提供钱财物质外，对婚姻再没有一点儿付出与用心的人，真的全都是物质条件所困吗？显然不可能。

过日子，物质条件是基础，这一点毋庸置疑。但除了物质上的需求之外，人还有情感上的需求。在吃不饱饭的时候，能够吃饱喝足，我们就会感到幸福；但能够吃饱喝足的时候，我们便有了更高层次的精神需求。尤其身处婚姻之中，我们对伴侣是存在一定的期待的，渴望从对方身上感受到爱、关怀、在乎，而不仅仅只是钱或责任。

李铭是个非常有事业心的男人，30岁出头就已经是国内某家知名企业的业务经理了。对于自己的"战绩"，李铭一直深感骄傲，常常会开玩笑般地对妻子说："老婆，你可真有眼光，从茫茫人海中找到你老公我这只绩优股！"

虽然是玩笑话，但可以看出，李铭确实觉得自己是个非常优秀的人。但李铭的妻子万霞每次听到这些话，反应都非常冷淡，好像根本不在乎李铭的事业究竟做成什么样子，这让李铭一直觉得有些憋屈。

结婚前，万霞是一名幼儿园教师，后来因为怀孕辞去工作。生完孩子之后，李铭一直想让万霞安心在家带孩子，做全职太太，但万霞不肯，在孩子断奶之后便找了一份在兴趣班教小朋友画画的工作。对此，李铭总是嗤之以鼻："就你那几个工资，够干什么的？怎么就非得折腾呢！"

万霞也不甘示弱，每次听李铭这么说，就反唇相讥："是，我本事没你大，挣得没你多，但风水轮流转，谁知道什么时候你还真得靠我这几个工资渡过难关呢？"

在孩子五岁那一年，李铭迎来职业生涯的一场大危机。因为老板卷款潜逃，企业陷入危机，李铭一夜之间从光鲜亮丽的企业高管成了落魄倒霉的失业人士，倒还真应了当年妻子反唇相讥时说的话。

这些年来，李铭也有一些积蓄，加上妻子万霞的工资，日子倒也不至于难过。但这场意外确实让李铭一家的生活发生巨大改变，尤其是李铭这个大忙人，从前天天不是加班就是应酬，基本不着家，现在骤然空闲下来，反倒变成待在家里的那一个了。

既然李铭闲了下来，接送女儿上下学的重任自然就交给了他。一天下午，李铭接女儿回家，路过一个面摊儿的时候，女儿突然说想吃手擀面。李铭平时很少下厨房，但手擀面做得着实不错，听女儿这么一说，顿时也来了兴致，决定晚上做手擀面，也给妻子一个惊喜。

没想到的是，就在李铭兴致勃勃地做手擀面时，突然接到妻子发来的短信，说晚上要加班，不回家吃饭了。李铭很生气，把手里的面团狠狠摔在面板上。站在一旁的女儿看到之后，嘟着嘴说了一句："爸爸，你好小气，以前你加班不回家吃饭的时候，妈妈都没有生气。"

听了女儿这话，李铭的怒火顿时熄灭了大半。是啊，以前自己不也常常这么发短信告诉妻子自己没时间，不回家吃饭吗？那时候妻子要是不高兴，自己还总埋怨她不理解自己，那么现在自己又有什么好气的呢？

那天晚上，李铭还是做了手擀面，特意给妻子留了一碗。妻子回家后，捧着那碗手擀面笑得很开心，比以前听到他升职加薪，做了业务经理还要开心。也就是在那个时候，李铭突然明白，一直以来，妻子真正期待的幸福，不是什么功成名就、虚浮名利，只是一碗可以捧着手心的手擀面，只是家长里短、柴米油盐里的踏实和认真。

幸福有时其实真的很简单，只要用心做好一些小事，踏踏实实过好每一天，那就是幸福。用心生活，才能把日子过好，用爱体贴你的伴侣，才能让婚姻圆满幸福。爱与关怀往往就藏在一个又一个看似微小的细节里，最能打动人心的，也恰恰是那些看似平凡的生活细节。

你送伴侣一个昂贵的礼物，或许会让他/她惊讶感动；可若是除了用昂贵的礼物打发对方之外，你甚至不肯给对方多一点儿的时间与关怀，久而久之，只会寒了对方的心。有时候，深夜的一碗手擀面，其实要比空旷豪华的别墅更能温暖人心。

我们和幸福的距离从来都不遥远，只要用心去爱、去珍惜，这种珍而重之的心情一定能够传达给对方。最打动人心的爱就存在细节里，最踏实的幸福就藏在生活中一件件的小事中。婚姻最美好的样子，不是你能对对方说出多少山盟海誓，也不是能给对方多少炫耀的资本，而是你有多懂对方，多体贴对方，多关怀对方。请记住，爱一个人最好的样子，就是用心做好生活的点滴，在细枝末节处给对方温暖与爱。

爱已成空，
与其纠缠，不如相忘于江湖

有一个词叫"相濡以沫"，很多人用它比喻那些即便陷入困境，也能坚持用微薄的力量互相支持的夫妻感情。可能很多人不知道，这个词出自《庄子》中的一个故事，讲的是泉水干涸之后，两条缺水的鱼相互用唾沫沾湿对方的身体，努力活下去的故事。而文中的完整表述应当是："相濡以沫，不如相忘于江湖。"

爱情是一种非常美丽的东西。两个人相爱的时候，一句话、一个眼神，就能让幸福充盈心间。但有时候，并非所有的爱都能带来幸福，当这份爱变成一种束缚、一种痛苦的时候，我们更应该学会放手。就像那两条相濡以沫的鱼，若有选择，相比拴在一起痛苦地苟延残喘，倒不如潇洒放手，从此相忘于江湖。

人的一生非常短暂，没有多少时间可以让你挥霍浪费，也没有多少机会让你在纠缠和执念中痛苦沉沦。爱情是美好的，但并非生

活的全部。坚守爱是一种美德，但懂得用理智处理爱情，则是一种
难能可贵的人生智慧。

张倩和王楠是高中同学，高中时期两人就互相暗恋。高考结束
之后，王楠向张倩表白，两人便确定了恋爱关系，甚至报考了同一
所大学。之后，大学一毕业，两人便携手走入婚姻的殿堂，这份爱
情曾经羡煞旁人。

张倩很喜欢小孩儿，但因为身体缘故，结婚之后一直没能拥有
属于自己的孩子。一直努力了五年，张倩和王楠才终于迎来他们的
第一个女儿。夫妻俩对这个来之不易的女儿十分宠爱，平时哪怕工
作再忙，周末也都一定会抽空陪着女儿出去玩。

悲剧发生在女儿三岁那一年。那是一个周末，张倩和王楠带着
女儿到市里新建的公园玩耍，其间，张倩突然接到公司的电话，说
正在洽谈的项目出了一些问题，需要召集大家紧急回去加班。张倩
只好把女儿交给丈夫，自己先离开回了公司。

张倩离开之后，王楠带着女儿逛了一会儿便准备回家。就在这
个时候，不远处的一位孕妇突然被一个小朋友撞倒在地上。王楠是
名医生，面对这样的情况，出于职业本能，赶紧上前帮忙，一边查
看孕妇的情况，一边安排孕妇的家属打电话叫救护车。一阵兵荒马
乱过后，一回头，王楠却发现女儿不见了。

最后，王楠是在公园的喷水池里找到女儿的，警察说是一个精
神有问题的女人趁乱把女儿抱走，把她丢进了喷水池。

这个悲惨的意外让王楠与张倩陷入痛苦的深渊。失去女儿的
阴霾压垮了这个原本幸福的家庭。虽然理智告诉张倩，这是一个意

外，一个谁都不想发生的意外，并不完全是王楠的错，但情感上，张倩始终无法原谅王楠，也无法原谅当时提前离开回公司的自己。

经历一段地狱般痛苦与折磨的日子后，王楠决定让自己努力振作起来，毕竟失去的女儿已经无法挽回，但他们还有漫长的日子得过下去。王楠打算把女儿的东西都收拾起来，以免夫妻俩总是睹物思人。可张倩知道他的想法之后，却歇斯底里地和他大吵了一架。她指责王楠是罪人，是因为他的疏忽才害死女儿，而他现在居然想要忘记，想要抛弃他们可怜的女儿。

最终，这场争执只能不了了之。自那之后，王楠与张倩之间却变得越来越剑拔弩张，只要两人一碰面，说不了几句话便又是一场争吵。王楠很痛苦，他想要努力挣脱这种窒息般的痛苦与绝望，可张倩却死死地缠着他，不肯让他有丝毫忘记这场悲剧的机会。张倩同样也很痛苦，哪怕理智无数次告诉她，应该放下了。可每次只要一看到王楠的脸，她就会忍不住责怪他，甚至恨他以及她自己。

最终，在相互折磨了数年之后，张倩与王楠离婚了。张倩离开了这个城市，不知去向。临走之前，张倩给王楠留下一句话：不是不爱，只是已经没有办法再去爱，所以我决定放过你，也放过我自己。

当爱变成一种折磨的时候，坚守与执着带来的，便只剩下痛苦和绝望。两个相爱的人能在一起一辈子，固然是件美好的事，但如果不能，彼此之间因为某些悲剧而无法继续相守，与其纠缠不休，倒不如潇洒放手。相濡以沫，不如相忘于江湖。

人生有很多事情是无法圆满的。生活不是童话故事，不是只要有爱便能战胜一切。人的情感非常复杂，不可能时时刻刻都黑白分明。就像张倩与王楠，他们无疑是彼此相爱的，但生活的悲剧却给他们留下难以抚平的创伤。这种创伤不是一句简单的"原谅"或"忘记"就能抚平的。所以，他们无法再继续相守，哪怕那份爱从来不曾离去。就像张倩说的，不是不爱，只是已经没有办法再去爱了。她的离开，既是放过王楠，也是放过自己。

爱情是美好的，若是这份美好沾染上挥之不去的阴霾，留下刻骨铭心的伤痛，再执着下去只会让彼此痛苦不堪罢了。该放手时就要潇洒放手，这不仅是对自己的人生负责，也是对别人的人生负责。

心理学上有一种效应被称为"沉没成本效应"，指的是人们为了避免损失带来的负面情绪而沉溺于过去的付出，从而选择非理性行为方式的一种现象。这种现象在生活中其实很普遍，比如一位男性历经千辛万苦，终于追到心仪的女性之后，却发现这位女性和自己所想象的不太一样。通常这种时候，这位男性是很难下定决心和这位女性分手的，因为在追求这位女性的过程中，他已经付出大量的时间、精力以及金钱，要是选择分手，之前付出的一切不就全都"打水漂儿"了吗？事实是，如果这位男性抱有这样的想法，违背自己真实的心意继续和这位女性在一起，他将会投入更多的"成本"。换言之，他的不果断实际上将让他"亏损"更多，甚至由此错失真正适合自己的感情。

当断不断，反受其乱，当爱已成空，与其纠缠，不如相忘于江湖。人生苦短，别让执念将生活拖入泥淖。无论是爱情还是婚姻，若真的已经走投无路，便赶紧回头是岸吧！有时候，放弃比坚持更可贵，前方若是已经无路，与其坚持走下去把自己碰得头破血流，倒不如豁达退一步，回头寻找别的康庄大道！

小事成就大事，细节成就完美